栽培システム学

稲村達也

編著

朝倉書店

執筆者［執筆箇所］

稲村 達也* 京都大学大学院農学研究科 農学専攻 ［1章, 2章］

梅田 幹雄 京都大学大学院農学研究科 地域環境科学専攻 ［3章］

新山 陽子 京都大学大学院農学研究科 生物資源経済学専攻 ［4章］

間藤 徹 京都大学大学院農学研究科 応用生命科学専攻 ［5章］

宮本 誠 広島県立大学生命環境学部 環境科学科 ［6.1節］

藤本 高志 大阪経済大学経済学部 地域政策学科 ［6.2節］

丁 艶峰 中華人民共和国 南京農業大学農学院 ［7.1節］

李 昆志 中華人民共和国 昆明理工大学生物工程 ［7.1節］

曹 衛星 中華人民共和国 南京農業大学農学院 ［7.1節］

宮川 修一 岐阜大学応用生命科学部 応用生物科学科 ［7.2節］

縄田 栄治 京都大学大学院農学研究科 地域環境科学専攻 ［7.3節, 8.2節］

宇都宮 直樹 近畿大学農学部 農業生産科学科 ［7.4節］

廣岡 博之 京都大学大学院農学研究科 応用生物科学専攻 ［7.5節］

笠井 亮秀 京都大学大学院農学研究科 応用生物科学専攻 ［7.6節］

竹田 晋也 京都大学大学院アジア・アフリカ地域研究研究科 ［7.7節］

横山 繁樹 独立行政法人 農業・生物系特定産業技術研究機構 ［8.1節］

河野 泰之 京都大学東南アジア研究所 人間生態相関研究部門 ［8.2節］

＊：編著者

まえがき

　著者の間で，環境との調和性を考慮した地域農業の持続的発展の基礎となる諸理論から，それを地域農業で実現するための多面的な研究領域を横断した学際的研究までをとりまとめた専門書の出版が話題となりだしたのは，2003年の12月頃である．我々は，この種の問題が地域レベルから地球レベルでの農業発展のうえできわめて重要な今日的意義をもっているにもかかわらず，学術的な立場からまとめた成書の少ないことを日頃から残念に思っていた．したがって，本書はこの種の問題に少なからずかかわりをもっている各研究者の研究成果の単なる集成としてではなく，その成果に共通する理念を多くの人に理解していただけるように心がけ，農業の地域計画などの実践的分野にも裨益することをめざしている．しかしながら，この種の問題はきわめて多面的な研究領域を包含するとともに，いちじるしく地域的特徴を有している．本書において，これらをすべて網羅することは不可能であろう．そこで，われわれは，この問題にかかわる諸課題から，次の5点を選んで本書の各章を構成することとした．そして，そこにおいて十分に解説できなかったものは，「さらに学習を進めるために」として書き加えることとした．

　第1章では，この種の問題を研究テーマとする学問領域を本書の書名でもある「栽培システム学」と定義し，その研究領域と内容および研究理念を明確にすることで，本書の序章とした．第2章は，農業生産を支えるいくつかの主要な生物・生産資源を取り上げ，それらの有する農業の生産性や持続性などを制約する側面および資源要素間の相互関係，そして持続的な農業生産を実現するための農家の営農行動と生物，生産資源との相互のかかわり方の解説とした．第3章から第6章では，地域農業の持続的発展のための農業機械学的，社会・経済学的および生態環境学的な総合解説と，持続的な農村社会の形成についての通史的および現状分析の試みである．第7章は，東南アジアにおける地域農業のいくつかの事例紹介である．それは，地域の農業問題の紹介や栽培の実態にとどまらず，東南アジアで現在進行中の地域農業における有限の生産資源をめぐる問題と今後の地域農

業の持続的発展との関係を解説する論考集である．これらはいずれも地域農業のシステム構造と生態学的構造に関係した解析事例でもある．最終章である第8章に示した二つの研究手法は，これらのシステム構造と生態学的構造の解析の方法を集約したもので，多様な地域農業を評価する際の手助けになるであろう．

しかしながら，「栽培システム学」の問題には今後の研究・調査を必要とする課題が多いことも事実である．本書の中でたびたび論じられている有限の生産資源をめぐる先人が遺した農業生産技術を再評価するとともに，その上に環境との調和と地域農業の生産性向上という二律背反な課題を解決するための新たな展開への方策を構築することが，本書の中で論考されているように，これからの地域農業の発展につながると確信している．本書を入門書とされ，この分野に関心をもつ人々や研究を志す人々が輩出することを期待してやまない．

最後に，本書を出版するにあたり，それぞれの章への批判や討論を通じて援助を与えていただいた同僚先輩諸氏に敬意を表したい．特に，本書の構想段階から貴重なご意見をいただいた京都大学東南アジア研究センターの田中耕二所長のご好意に心からお礼を申し上げたい．また，編集，校正などの諸般にわたり忍耐強くご尽力いただいた朝倉書店編集部に厚く感謝の意を表したい．

2005年10月

著者を代表して

稲 村 達 也

目　次

1. 栽培システム学とは ……………………………………（稲村達也）… 1
   - 1.1　営農システム …………………………………………………… 2
     - 1.1.1　営農システムの構造 ………………………………………… 2
     - 1.1.2　営農システムの属性 ………………………………………… 4
     - 1.1.3　営農システムの類型化 ……………………………………… 5
     - 1.1.4　営農システムと栽培管理 …………………………………… 5
   - 1.2　概念としての営農システムの系譜 …………………………… 6
     - 1.2.1　明治以前 ……………………………………………………… 6
     - 1.2.2　明治以降 ……………………………………………………… 6
     - 1.2.3　農業普及と営農システム …………………………………… 6
     - 1.2.4　世界の事例 …………………………………………………… 7

2. 生産環境と農家の営農行動 ……………………………（稲村達也）… 9
   - 2.1　利用可能な資源 ………………………………………………… 9
     - 2.1.1　生物資源 ……………………………………………………… 9
     - 2.1.2　気象資源 ………………………………………………………11
     - 2.1.3　水と窒素 ………………………………………………………14
     - 2.1.4　農　地 …………………………………………………………17
     - 2.1.5　土　壌 …………………………………………………………18
   - 2.2　生産と栽培管理 …………………………………………………22
     - 2.2.1　栽培管理と補助エネルギー …………………………………22
     - 2.2.2　補助エネルギー利用率の改善 ………………………………24
     - 2.2.3　高い生産性を実現する栽培管理 ……………………………26
     - 2.2.4　雑草の管理 ……………………………………………………27
     - 2.2.5　達成可能収量と実収量 ………………………………………27
     - 2.2.6　収量向上と栽培管理 …………………………………………28

  2.2.7 土壌管理 …………………………………………………………29
  2.2.8 水への対応 ………………………………………………………33
  2.2.9 土地利用と作付体系 ……………………………………………34
 さらに学習を進めるために ……………………………………………………35

3. 生産技術の革新と農家の行動 ……………………………（梅田幹雄）…37

 3.1 農作業と農業機械 …………………………………………………………37
  3.1.1 農業の特徴と農作業 ……………………………………………37
  3.1.2 農作業と肉体的負担 ……………………………………………38
 3.2 生産技術の発展 ……………………………………………………………39
  3.2.1 化学化の歴史 ……………………………………………………39
  3.2.2 機械化の歴史 ……………………………………………………40
  3.2.3 これまでの農業経営での発展の限界 …………………………43
 3.3 新しい生産技術 ……………………………………………………………45
  3.3.1 新しい生産技術の必要性 ………………………………………45
  3.3.2 フィールドロボティクス ………………………………………45
 さらに学習を進めるために ……………………………………………………49

4. 政治・経済と農業経営の行動 ………………………………（新山陽子）…52

 4.1 1985年以降の自給率低下のはらむ問題―国内生産の後退― ……………53
 4.2 畜産の経営環境と経営の存続状態 ………………………………………57
 4.3 農業経営の存続メカニズムと存続可能領域の狭まり―政策・制度の役割―
   …………………………………………………………………………………59
 4.4 農業経営の自律的な展開の方向 …………………………………………63

5. 生態環境と農家の行動 ………………………………………（間藤　徹）…66

 5.1 生態系における窒素の循環 ………………………………………………66
 5.2 窒素の環境負荷の現状 ……………………………………………………68
 5.3 環境に負荷をかけない農業 ………………………………………………71
 5.4 現行の環境保全型農業，有機農業 ………………………………………76

6. 持続的農村社会の形成と農家の行動 ……………………………79

6.1 土地に刻まれた歴史と農業 ……………………（宮本　誠）…79
- 6.1.1 耕地の開発，水田化 ……………………………………79
- 6.1.2 土地利用の集約化 ………………………………………82
- 6.1.3 いにしえより学ぶ ………………………………………83
- さらに学習を進めるために …………………………………85

6.2 消費者，農業生態系と共生する農家行動 ………（藤本高志）…86
- 6.2.1 共生の意味 ………………………………………………86
- 6.2.2 消費者や生態系と農家のフィードバック・ルーチン …86
- 6.2.3 農家行動の画一化と持続性の低下 ……………………87
- 6.2.4 進む農業の多様化 ………………………………………89
- 6.2.5 フィードバック・ルーチンの弾力化・多様化・分権化 …92
- さらに学習を進めるために …………………………………93

7. アジアの栽培システム ……………………………………………95

7.1 中国―蘇南地域における郷鎮企業の発展と規模農業の展開―
……………………………（丁　艶峰・李　昆志・曹　衛星）…95
- 7.1.1 中国での農村経済体制の改革と農業システムの変化 …95
- 7.1.2 蘇南農業の現状と新しい農業システムの必要性 ……99
- 7.1.3 蘇南農業における新しい農業システムの発展 ………101
- 7.1.4 規模経営発展の遅滞原因とその対策 …………………103
- 7.1.5 農業の規模経営と農業機械化 …………………………104
- さらに学習を進めるために …………………………………106

7.2 タイの天水田 ……………………………………（宮川修一）…107
- 7.2.1 天水田稲作システム ……………………………………107
- 7.2.2 天水田農業システム ……………………………………112
- 7.2.3 天水田稲作と農業の変容 ………………………………113
- 7.2.4 天水田農業の変容 ………………………………………114
- さらに学習を進めるために …………………………………115

7.3 野　　菜 …………………………………………（縄田栄治）…115
- 7.3.1 栽培立地の生態と野菜生産システム …………………116

	7.3.2	水文環境からみた野菜生産システム	116
	7.3.3	山斜面の野菜生産システムと環境問題	117
	7.3.4	山間盆地の野菜生産システム	120
	7.3.5	デルタの野菜生産システム	122
	さらに学習を進めるために		125
7.4	果　　　樹 （宇都宮直樹）		126
	7.4.1	果樹の栽培分布と適地適作	126
	7.4.2	温帯と熱帯における栽培様式	129
	7.4.3	栽培技術	132
	7.4.4	熱帯における温帯果樹の栽培	135
	さらに学習を進めるために		137
7.5	アジアにおける有畜複合生産システム （廣岡博之）		138
	7.5.1	世界的にみたアジアの家畜生産	138
	7.5.2	家畜の遺伝的背景と環境	139
	7.5.3	社会システムの中の家畜	141
	7.5.4	有畜複合生産システム	142
	7.5.5	有畜複合生産システムの農学的意味	145
	7.5.6	今後の可能性	149
	さらに学習を進めるために		150
7.6	水　産　業 （笠井亮秀）		150
	7.6.1	漁業と養殖業	150
	7.6.2	東南アジアでのエビ養殖	153
	7.6.3	タイにおけるエビ養殖	156
	さらに学習を進めるために		159
7.7	林　　　業 （竹田晋也）		160
	7.7.1	造林体系	160
	7.7.2	地域住民と造林システム	162
	7.7.3	アグロフォレストリー	163
	7.7.4	小農の営農システムと結びついた林業	165
	さらに学習を進めるために		166

8. 研究方法······168

8.1 ファーミングシステムアプローチ ······（横山繁樹）···168
- 8.1.1 ファーミングシステムとはなにか ······169
- 8.1.2 参加型調査・開発手法の発展・深化 ······173
- さらに学習を進めるために ······178

8.2 アグロエコロジカルアプローチ ······（河野泰之・縄田栄治）···181
- 8.2.1 農業システムの空間分析 ······181
- 8.2.2 農業システムの時系列分析 ······185
- 8.2.3 耕地生態系の動態 ······188
- さらに学習を進めるために ······192

索　引 ······193

1. 栽培システム学とは

　20世紀の農業は，耕地面積の拡大と灌漑水，肥料，農薬などの多投のもとで農業生産の増大と経済的価値追求を実現してきたが，生産にかかわる資源の非効率な利用と耕地生態系の過度な利用が，地球環境の悪化や生態系における物質循環の破壊を引き起こしつつある．たとえば多灌漑による農地の塩類集積，過放牧による半乾燥地の砂漠化，過耕作による土壌侵食，肥料・農薬の多投による環境汚染などである．これらは，作物や家畜とその生産技術が生産にかかわる諸資源に及ぼす負の影響を正しく評価してこなかった結果とみることができる．一方，21世紀の食料生産は，地球規模でみれば人口増加に追いつけそうにない深刻な事態に直面しており，日本は，食料輸入を続けながらも国内の食料生産を増強しなければならない（農水省，「農産物の需要と生産の長期見通し」1995）．国内では農業生産を支える担い手が不足し，地域農業の主体はこれまでの小規模個別農業経営から規模の原理[注1)]を生かせる大規模個別経営や集落営農[注2)]へと移行しつつある．このような現実のもとで求められる農業の姿は，地域における高い農業生産性の維持と高い農家の収益性，およびそれらと環境との高い調和性を実現するものである．

　農家は農業生産の持続的増大と経済的価値追求のため，作物や家畜の生産性（収量と品質），利用可能な諸資源，農家の嗜好などに対する総合的な判断のもとで，個々の圃場や施設の環境条件下において栽培される作物や家畜とその生産技術を選択・実行してきた．この営農行動は，生産コストや生産物の市場評価および生産量調整や輸出入関税のような作物や家畜の生産を取り巻く経済的，社会的，政治的な制度的環境の制約を受ける．そして，作物や家畜の生産性は，作物や家畜の遺伝的能力とそれらを取り巻く生育・生産環境，作物や家畜とその生産技術が利用可能な諸資源へ及ぼす影響，利用可能な諸資源間の相互作用などに制約されている．前者の制約関係は農業経済学の研究対象であり，後者は作物学，育種学，園芸学，畜産学，植物栄養学，土壌学，農業気象学，植物生産学など諸分野の解析対象とされてきた．しかし，作物や家畜とその生産技術が利用可能な諸資源へ

及ぼす影響および利用可能な諸資源間の相互作用にかかわる課題には，地域農業の持続的発展の観点からみて未解明の部分が多く，今後の総合的な研究に待つところが多い．

　栽培システム学では，農家の営農行動を後述する営農システムとして理解し，地域レベルからグローバルな分析レベルでの営農システムの実態（システム構造と属性）を前述の生理・生態・遺伝学または社会・経済学などの多様な研究領域に及ぶ制約要因との関係から体系的，すなわち歴史的または空間的に解析・整理する．農業生産の増大と環境との調和を課題とする場合，農業生産の場で起こる土壌—耕地生態系における物質循環，作物や家畜とその生産技術の利用可能な諸資源への影響，利用可能な諸資源間の相互作用などを，農業生産の持続的発展の観点から体系的に解析する．これらの結果に基づいて，農家の営農行動（営農システム）を最適化することで農業生産の拡大と環境との高い調和性のような新たな営農目標を達成できる作物生産技術の理論構築と検証を行い，それとともに新しい地域農業システムの姿を明らかにする．栽培システム学は，農家における農業生産の拡大と経済的価値の追求に加えて，農業生産と農業農村をとりまく環境価値の追求を調和的に実現するための理論と技術構築に必要な学理を追求する学際的な応用科学である．

1.1　営農システム

1.1.1　営農システムの構造

　栽培システム学が研究対象とする農家の営農行動は，作物と家畜を生産する農家を例にすれば，作物，家畜，土壌，生産手段，農家，加工販売の各サブシステムとそれらの相互関係から構成されるシステム，すなわち営農システムとして定義される（図1.1）．これらのサブシステムは，農家の営農行動を制約する諸事象を外部環境として配置する．作物サブシステムの要素は栽培植物，雑草である．作物サブシステムは，作物とその生産技術を介しての土壌サブシステムとの相互作用はもとより，耕地や施設の環境と作物の遺伝的特性との関係を十分に考慮して，栽培植物を耕地や施設に空間的，時系列的に配置し持続的に高く安定した作物生産を行う．

　家畜サブシステムの要素は家畜である．家畜サブシステムには，作物サブシステムのように要素間の空間的相互関係がみられる場合がある．農家あたりの耕地

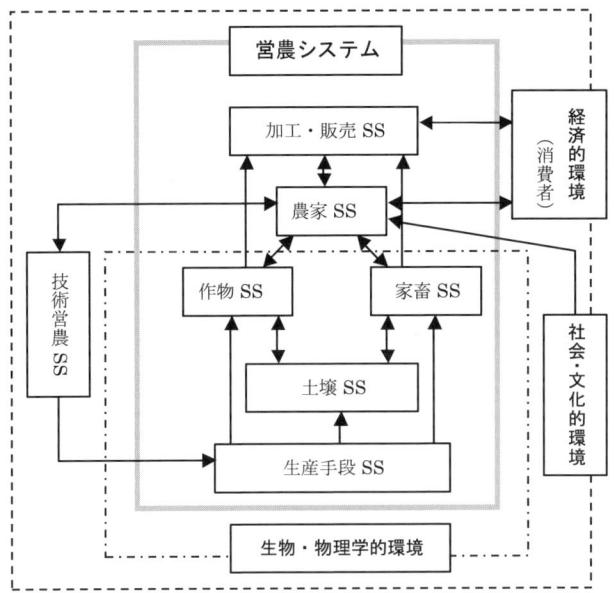

図 1.1 営農システムの概念図（SS：サブシステム）

技術・営農サブシステム： 研究機関，普及サービス，JA ならびにメディアなど農業生産にかかわる技術・営農情報を提供するとともに農家の営農指導を実行する機関，農業補助金や転作率などの農業政策を決定・実行する機関などから構成される．

生物・物理学的環境： 気温，降雨，日射などの気象特性，作物群落や園芸施設の内部環境特性などである．

経済的環境： 農家が生産した農産物や加工品の販売市場（消費者を含む），農業生産資材を獲得する市場，世帯の消費材やサービスを得る市場からなる．営農システムと市場との相対的距離は，輸送手段の変化とともに新たな物流システムの構築とインターネットの普及などにより変化している．

社会・文化的環境： 農家と非農家が構成員である農村社会の諸活動で，生産活動における営農システム間の調整的存在でもある．

面積が少ないアジアでは，自給的農家において作物と家畜サブシステムが一つの営農システムに併存し，家畜は作物サブシステムから飼料の供給を受け，役畜としての労働や自家消費と販売用としての生産物を提供するとともに耕地への重要な窒素供給源や燃料を生産する（本書 7.5 節参照）．

土壌サブシステムの要素は，無機物や有機物とそれらからなる団粒，それらが構成する大小さまざまな孔隙，そして孔隙中の水や空気と水に溶けた栄養素，そして微生物である．植物群落は根を土壌中に張ることで，おもに水，栄養素，酸素を吸収するとともに植物を支え葉を効率的に空間に配置し光合成を行う．その

ため土壌の化学的・物理的特性が植物群落の生育を大きく左右し，営農システムの実態を大きく左右する．一方，土壌サブシステムは，作物の栽培に伴う有機物の補給，深根性作物の根による深耕効果，作畦による深耕効果などの作用を受ける．また，土壌には土壌微生物の働きを通じてわら類や収穫残滓，動物・人間の排泄物を分解し栄養素を再循環させる「分解者」としての生物的機能がある．

農家サブシステムの要素は家族世帯員と雇用労働で，世帯主の経営目標に応じて営農システム全体を機能させる．他のサブシステムとの相互関係は，世帯員または雇用労働の有するそれぞれの技術能力と営農システムの生産活動の内容（兼業，出稼ぎなどを含む）によって異なり，その結果，世帯員または雇用労働の営農システムでの役割と年間の就労日数が決まる．世帯員の年齢構成が営農システムごとにまちまちで，世帯員の労働力はそれの加齢に従って変化するという特性を農家サブシステムは有している．

生産手段サブシステムの要素は，灌漑水利施設や農道などを備えた平面的広がりをもつ農地，作物を栽培する園芸施設，家畜を飼育する施設，作物の乾燥調製施設，農機具の保管修理のための施設，耕起・播種・収穫・農薬散布などのための農業機械，次年度のための種子，などである．

加工・販売サブシステムの要素は，生産物の一次加工から商品加工，直売，通販などのように生産物に付加価値をつけるとともに，消費者のニーズをつかむことのできる直接対話につながる生産活動である．このサブシステムの重要性は多様であり，必ずしもすべての営農システムにあるわけではない（6.2節参照）．

1.1.2　営農システムの属性

営農システムは，地域における農業生産の確保とともに営農システムそのものの維持・拡大という重要な目的をもっている．そのため，営農システムは，四つの属性として生産性，安定性，持続性および扶養性を有する．生産性は単位土地面積あたりの作物や家畜の収穫量と品質や経済的要因に左右される販売単価とに支配される．収穫量は，単位土地面積あたりの自然および人為的な資源の投入量と農学的生産効率（投入量の増加分に対する作物や家畜の収穫量の増加分の比）に支配される．投入量と農学的生産効率が販売単価や気象の挙動などで変動することで，営農システムの生産性の経年推移に変動が生じる．この変動に対して安定性（安定または不安定）が定義される．営農システムの持続性は，生産性の水準が経年保たれることである．生産活動による環境への負荷が大きな場合，適切

な対応がなされなければ営農システムの持続性は失われる．最後の属性である扶養性は，単位土地面積あたり年間の総農業生産物で年間扶養できる人や家畜の数をそれらの年間必要エネルギー量[注3)]から算出したものである．

1.1.3 営農システムの類型化

営農システムの類型化は，営農システムの成立過程と立地，システムの実態などに対する生理・生態学的または社会・経済学的研究の結果に基づいて，地域レベルからグローバルな分析レベルにおける営農システムの固有性や共通性などを明らかにする．類型化された営農システムは，農業システムと定義される．類型化することで，各分析レベルでの農業システムの実態とその存在意義が明らかになるとともに，農業システムの時間的・空間的な動態を検証することが可能となる．

試験研究や普及による営農システムの類型化は，新たな技術開発とその普及の可能性を探るのに非常に有益である．窒素や水の循環を研究対象とする場合，地域内や地域間において異なる農業システムを横断する新たな類型化が必要となる．グローバルな分析レベルでの類型化の事例は，土地と水利用の集約度とそれらによって規制された農業生産技術に基づく類型化である．これについては，本書6.1節と第7章の各節において具体的に検討されている．

1.1.4 営農システムと栽培管理

営農システムでは，目的とする収穫量と品質を確保できるように栽培植物群落を管理し，群落が必要とする栄養素，水と酸素を過不足なく安定的・持続的に供給できるように土壌の理化学性と生物性を管理する．そのためには，群落の生長と土壌の理化学性・生物性の動態を支配する主要な要因と，個々の栽培技術との相互関係を生理・生態学的研究によって明らかにしておかなければならない．農家は，作物群落の生長と土壌の理化学性と生物性の動態を制御するための栽培技術として，利用可能な資源の範囲内で，耕起，品種選択，作付体系，栽植密度，施肥量と施肥時期，灌排水，雑草防除，病害虫防除，耕地への有機物や土壌改良材の施用，収穫・乾燥・調整，そして客土などの組み合わせをもっている．しかし，農業の主体が大規模個別経営や集落営農へと移行し農業生産と環境との高い調和性が求められると，土壌理化学性の長期動態の解析とそれに基づく土壌管理とともに，作物群落と土壌理化学性の空間変異に基づく栽培管理のための基礎理

1.2 概念としての営農システムの系譜

1.2.1 明治以前

　江戸後期の大和における農書『山本家百姓一切有近道』(1823年)には，労働集約化を重視した記述がみられ，個々の耕地における生産力増強につながる栽培管理の選択，作付け体系や作付け順序などの土地利用の集約化とともに，働き手の有効配置などが強調され，営農システムにおける各サブシステムの役割が認識されていたと考えられる．

　一方，鎌倉時代後期から室町・戦国時代にかけて，農業水利や里山などの共同管理・利用を行う村落的自治組織，すなわち現在の農村集落の原型と考えられている「惣村」の形成がみられた．そして，江戸中期に水田利用が二毛作から田畑輪換へと変化するにつれ，集落内での農地の団地化，農地の利用調整や栽培協定などの調整機能と，集落間・内での農業用水の利用調整機能が集落単位で強化されていった[1]．このように，個々の農家における労働集約的な農業を具現化するため，集落が合目的システムとして扱われており，営農システムの概念がすでに形成されていたと考えられる．

1.2.2 明治以降

　明治以降の生産力増大のための技術改善施策の一つとして，1945年から1947年にかけて農業技術指導農場が1511ヶ所設置され，農事試験場で確立された技術の地域的確認と農家への普及展示が行われた．また1952年から1962年にかけて，試験研究機関による営農地試験が，作物別の部分技術ではなく総合研究として普及に焦点を当てて全国389地点の農家圃場(営農試験地)において実施された[2]．これらの施策では，農業経営を，人，作物および家畜という三つの主要構成要素(サブシステム)から成立すると考え，農家を営農システムとして把握していた[3]．

1.2.3 農業普及と営農システム

　前述の指導農場に変わるものとして協同農業普及事業が1948年に発足した．農業普及とは，農業者が，個別にあるいは相互に作用しあいながら，農業についての有益な新しい情報を得て，営農の方法や考え方において変化していくことと，

その経過や成果が，地域社会や他の農業者に波及していく過程であると藤田[4]は定義している．個々の営農システムを地域の農業に合理的に結集させようとする地域農業について検討されたのは，1960年代後半からであった．ここでは，地域農業の構成要素としての個々の営農システムと地域農業の変動の予測・診断・設計，そのための情報処理法，普及計画との関係が検討され，普及の中で営農システムとしての農家概念が確立された．しかし，これらの予測・診断・設計の過程および結果の適用において生理・生態学的研究は実施されなかった[4]．これらの実践的な研究と普及は個別技術として作物生産性の向上を実現し高い評価を残したが，地域農業の普遍的な展開には至らなかった．高米価や海外農作物への依存などを背景としたイネ単作化経営のもとでの経営合理化意欲の減退や土地利用型農業の成立基盤の崩壊[5]などの状況下で，1980年代から，研究手法として線形計画法やシミュレーション手法とコンピューター利用の普及などを背景に，営農システム内での栽培管理の最適化のための研究が，関連する多数の分野を動員して行われてきた．

1.2.4 世界の事例

世界的にみれば，営農システムという用語が使われた先駆的な研究は，1940年代ならびに50年代に合衆国の南東部と日本双方で自立的に発達した[6]．そして，農民参加型の実践的農業技術実用研究手法としてのFSRE（Farming Systems Research and Extension）が，1970年代の終わり頃から1980年代にかけて東南アジア，南アジア，アフリカ，ラテンアメリカとカリブ海地域などの開発途上国で開発された[2]．FSREが提案する普及における問題解決のための営農システムの分析手法（ファーミングシステムアプローチ）については，アグロエコロジカルアプローチとともに，本書の第8章で解説されている．　　〔稲村達也〕

註1：個別生産費の安い大規模経営が個別生産費の高い零細経営に対して優越性を示し，零細経営が必然的に競争に敗れて淘汰される．そして，農地の集積が進み経営規模の拡大した営農システムが増加すること．

註2：集落営農とは，営農の中心的役割を担う農家と兼業・高齢農家等が補完しあいながら集落ぐるみで営農を展開し，地域農業の維持，コスト低減等を実現する経営方式．その営農形態には，機械や施設の共同利用型，受託組織が共同の機械や施設を使って農作業を請け負う作業受託型，生産から販売を協業で行い収益を構成員に分配する協業経営型がある．

註3：たとえば，成人1人あたり1日の必要エネルギー量は10.5 MJ（メガジュール）である．

引 用 文 献

1) 宮本　誠：奈良盆地の水土史，p.41-128，農文協，2000.
2) ジョン・S・コールドウェル，他：農業および園芸，**68**：335-342, 447-454，1993.
3) 国際農林水産業研究センター：国際農業研究叢書第9号 ファーミングシステム研究，p.30，2000.
4) 藤田康樹：農業指導と技術革新，p.58，農文協，1987.
5) 稲村達也：現代日本生物誌7「イネとスギ」，p.48-62，岩波書店，2001.
6) Caldwell, J. S. : *Encyclopedia Agricultural Science*, **2**：129-138, 1994.

2. 生産環境と農家の営農行動

　営農システムの高い生産性と扶養性を持続させるための生産管理の方向と手段を構築するには，生産環境要素と作物や家畜の生育との生理生態的な相互関係，その生産過程における生産環境要素間の相互関係および生産管理が生産環境に及ぼす影響などを正しく評価することが重要である．この章では，利用可能な生物資源，その遺伝的能力と実際の農業生産との関係，そして生物資源の遺伝的能力を制限する生産環境として気象，水と窒素，農地，土壌を取り上げ，上記の認識のもと営農システムの四つの属性との関係から農家の生産管理戦略の基礎について解説する．

2.1　利用可能な資源

2.1.1　生物資源
a.　栽培植物
　世界で栽培される植物種は2226種とも2489種ともいわれている．その多くは園芸作物で，食用とされる栽培植物は約900種となっている．日本では約480種が栽培され，そのうち約220種が食用とされる栽培植物である[1]．世界の農業生産量37億7900万t（2003年，穀物，野菜，果樹，肉，水産の総計）のうち，約54％が穀物によって生産され，さらにその約98％がコムギ，イネ，トウモロコシ，オオムギによって生産されている．このように，少数の栽培植物が世界の農業総生産量の大部分を担ってきた．これは，これらの作物が，多様な栽培地の環境に適応できる広域適応性を獲得するとともに，単位面積あたりの収量を向上させてきたからである．

b.　家　畜
　哺乳類と鳥類に属する主要な家畜は，牛，バリウシ，ヤク，ガヤル[注1]，水牛，ロバ，山羊，羊，トナカイ，ヒトコブラクダ，フタコブラクダ，ラマ，アルパカ（以上，反芻動物），豚，馬，犬，ミンク，兎（以上，非反芻動物），鶏，ウズラ，

ホロホロチョウ，クジャク，アヒル，バリケン[註2)]，ガチョウ，シチメンチョウ（以上，家禽）である．これらの中で，その広域適応性と肉，卵，乳などの生産性の高さからみて重要な家畜は，牛，水牛，馬，山羊，羊，豚，鶏などである．複数の胃をもつ反芻動物はセルロースなどを消化できるので，人間を含めて単胃動物が利用できない植物や作物残渣などの資源を利用できる．家畜の排泄物は耕地に還元でき，燃料などとしても利用される．

c. 生物資源の遺伝的改良と生産管理

栽培植物がある地域の環境条件の中で目的とする収量を得るためには，地域で限定される温度資源の中で生活環[註3)]をまっとうできるように地域の日長・気温条件に応じて生殖生長を開始・完了するとともに，生産性を確保するための種々の形質を獲得しなければならない．家畜，家禽においても，同様の遺伝的改良が行われてきた（表2.1）．環境条件が作物の生理学的能力の限界付近にある地域では，環境への作物の適応性を拡大するために，品種の環境依存性を効率的に評価する方法の開発，限界環境下での生育特性の解明とそれに基づく環境限界を打破する生産管理技術の開発が特に重要である．保温育苗，マルチやビニル被覆（図2.1）による地温と気温の確保，水稲における冷害危険期の深水管理，茶の防霜ファン，日長処理による季節外生産（イチゴの促成栽培[註4)]，鶏の点灯飼育[註5)]）などがある．

表2.1 生物資源の遺伝的改良と関連形質（佐々木，1994などより作成）

		関連形質
栽培植物	収量性	光合成速度，変換効率，日射吸収率，群落光合成，生育日数，全重，収穫指数，草姿と葉面積，耐倒伏性，雑種強勢
	品質性	栄養素含量，タンパク質含量，アミロース含量，デンプン構造，外観，日持ち
	早晩性	幼若相の長さ，感光性，感温性
	抵抗性 環境適応性	早晩性，環境ストレス抵抗性（水，高温，低温，凍霜，塩など）
	耐病性	侵入抵抗性，拡大抵抗性
	耐虫性	非選好性（飛来，摂食，産卵の抑制），抗生作用（発育，繁殖の抑制）
	雑草抵抗性	初期生育，他感作用，除草剤耐性遺伝子
家畜・家禽	繁殖性	受胎率，分娩間隔，多胎率，分娩の難易度，一腹子数
	哺育性	泌乳量，生後2ヶ月齢時1日あたり増体量，離乳時体重
	強健性	抗病性，環境適応性，長命性
	飼料利用性	飼料要求率，飼料摂取量，粗飼料摂取率
	環境適応性	体温調節性（能動的調節，熱交換量の調節，体熱生産性）
	生産性 産肉性	1日あたり増体量，成熟体重，枝肉重量，肉質
	泌乳性	乳量，乳脂率，無脂固型分率
	産卵性	初産日齢，産卵数，卵重，卵殻強度
	産毛性	毛長，毛の密度，体表面積，フリース重

図2.1 タバコ栽培におけるビニルフィルム利用（中国・雲南省）
畝が一面白いビニルフィルムで被覆されている．このような被覆（マルチング）は，風雨による土壌侵食の防止，土壌水分の保持，地温の保持，雑草防除などの目的で行われる．

2.1.2 気象資源
a. 気象資源の評価

グローバルな分析レベルでの農業システムの評価，植物分布，土壌型の区分などのために，いくつかの気象要素を組み合わせて作った気候指数が用いられる．雨量因子，N-S 係数，乾燥指数，降水効率，有効積算気温，温量指数（暖かさの指数），などである．たとえば，年間および作物の生育期間に対する乾燥指数によって，降雨に依存する伝統的な稲作地帯と降雨では不足し灌漑水を用いる新興の稲作地帯，および麦作地帯が容易に区分でき，それぞれの農業システムと気象要素との関係を明らかにできる（次頁図2.2）．このように温度資源による分布に水要因を加えることで，作物の分布がより明確になる．このように，作物の基本的な分布は温度と水資源によって決まることが多い．

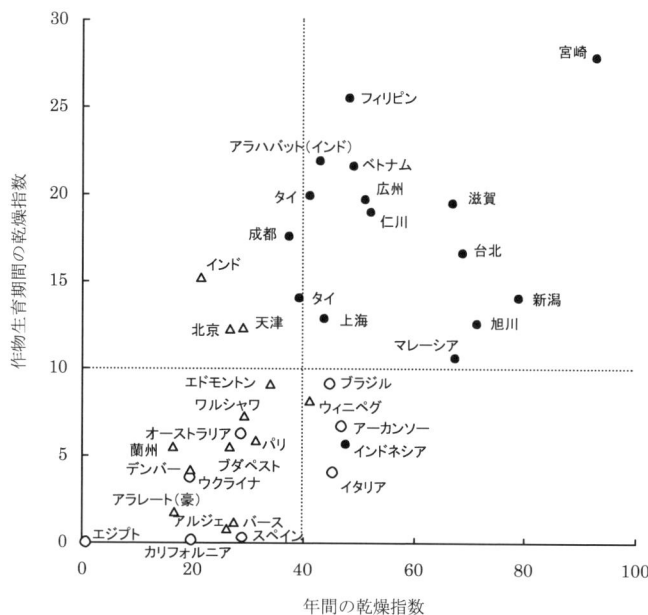

図 2.2 農業システムと気象要素との関係（マルトンヌの乾燥指数による世界のイネとムギ作地帯の分類の事例）
● : 稲作地帯, ○ : 新興の稲作地帯, △ : 麦作地帯.
乾燥指数 $I=R/(T+10)$. R は一定期間の雨量合計(mm), T はその期間の平均気温(℃).

b. 気象資源と作物の生育

作物の生産過程における気象資源と作物の生育との生理生態的関係を知ることは，高い生産性と扶養性を持続させるための栽培管理の方向と手段を構築するための基礎である．気象資源と作物生育との生理生態関係で特に重要なのは，発育と温度，発育と日長，生長と日射，生長と温度の諸関係である（表2.2）．たとえば，営農システムに特定の作物を導入するためには，その地域において，その作物が発育・生長[註6]してその生活環を完了し，目的とする収量を生産できるように，その種や品種に固有の温度，日長，水などに対する要求が満たされなければならない．作物がその生育を完了するのに必要とする温度要求度は，それぞれの生育期間における日平均気温10℃以上の積算温度（$\sum T_{10}$）で知ることができる（p.14図2.3）．カブ，レタスの温度要求度は積算気温800℃・日以下と小さく，カンキツ類は同4000℃・日と大きい．一方，トウモロコシのように同一作物でも温度要求度の幅が広く，それによる早・中・晩生種のような品種分化がその分布域

表 2.2 作物の生産過程における作物生育と気象資源との関係(星川，1993；堀江ら，1999 などより作成)

		両者の関係	具体的内容
温度と発育		花芽分化に必要な低温（春化[*1]）	コムギの要求する低温は 0〜14°Cの範囲（秋播性の高い品種 4〜8°C，中程度の品種 8〜11°C）（中条，1966）
		発育を進めるための温度．発育に関与する諸酵素の温度反応に依存している．	発育の最低温度と最適温度： ・温帯起源の冬作物（ 0〜 5°C，20〜26°C） ・熱帯起源の夏作物（ 8〜12°C，30〜36°C）
日長と発育		発育を進めるための日長時間	発育速度[*2]が最大値を示す最長日長時間（適日長限界）は，イネで 10〜13 時間，トウモロコシで 12.5 時間，ソルガムで 12±1 時間，最短日長時間はムギ類とアマで約 17.7 時間とされている．
日射と生長		作物個体群の各生育時点での乾物重は，生育末期を除いて，そのときまでに吸収された積算日射量によって決まる．	吸収日射変換効率[*3] (g/MJ)： ダイズ 1.7，イネ・コムギ 1.8〜2.2，トウモロコシ 2.1〜2.5．
温度と生長		葉面積拡大の相対生長速度は，生長速度がゼロになる限界温度から最適温度までは，温度に比例的に増加し，その後は低下する．	イネ（限界 10〜12，最適 30〜32，最高 36〜38°C），コムギ（同 3〜4.5，25，30〜32），トウモロコシ（同 8〜10，30〜32，40〜44）．
		光合成は，極端な低温・高温を除く広い温度範囲にわたってあまり温度の影響を受けない．	光合成の適温域は，冬作物で約 7〜22°C，C 4 作物で約 20〜37°C，C 3 の夏作物は両者の中間の温度範囲である．
		低温ストレス（冬作物や果樹などが寒候期に受ける寒害，晩秋と春に受ける凍霜害，夏作物が受ける冷害など）	コムギの凍霜害は，花粉母細胞の形成から分裂期（出穂前 8〜10 日）の − 1〜−1.5°C，出穂 2 日前から 1 日後では 0〜 3°Cの低温で不稔が発生する．
		高温ストレス（作物生育の適温域を上回ると，光合成や葉の拡大生長が低下して成長が抑制され，発達中の生殖器官に障害が発生する．）	イネの開花時に 35°C以上の高温に遭遇すると不稔が発生する．光合成や葉の拡大生長の適温域を超える場合に発生する．

[*1]：日長に反応して花芽分化が促進される前提条件として低温を要求する作物（ムギ類，ナタネなど）が，低温に遭遇して花芽分化の条件が満たされること．
[*2]：ある温度や日長時間において生長を完了するのに要する発育日数の逆数．
[*3]：吸収日射を乾物へ変換する効率．

と作型をさらに広げている作物もある．

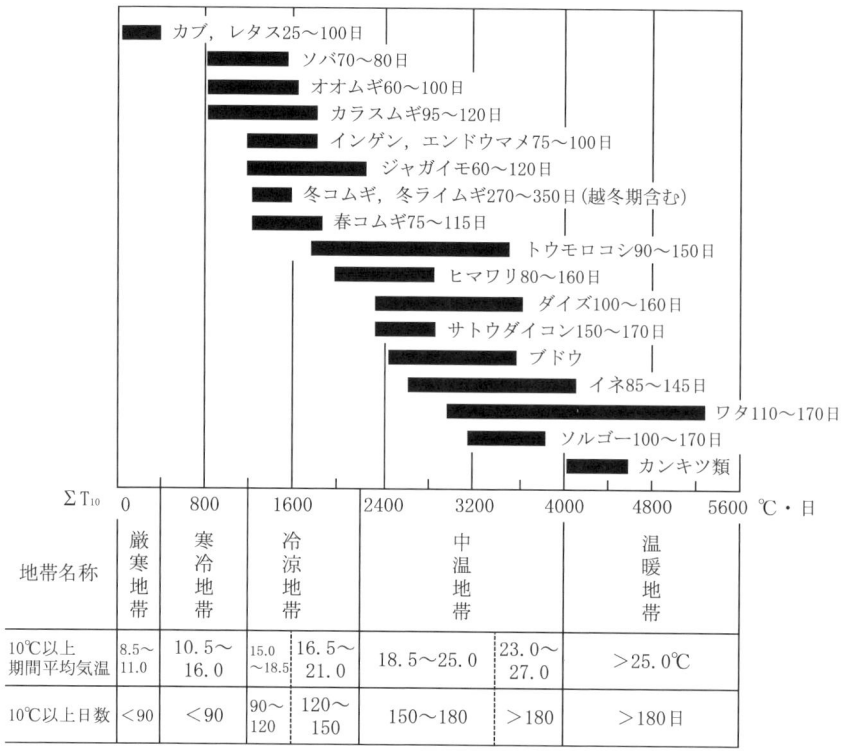

図2.3 おもな作物の生産に要する日平均気温10℃の期間の積算気温（USDA, 1975）
作物の後の数字は発芽から収穫までの日数．

2.1.3 水と窒素

　水は光合成の基質，細胞内での溶媒などとして不可欠であるが，植物は気孔から CO_2 を吸収すると同時に蒸散によって大量の水を失い，これが土壌から補償されないと植物はしおれるか枯死する[注7]．また，植物の成長に必要なタンパク質や他の窒素化合物は，土壌から吸収した無機態窒素から生成される．水と窒素は作物生産を最も頻繁に制限するとともに，これらが供給されない限りその不足は解消されない．水と窒素が作物の生産過程でどのような生理生態的プロセスを通じて作物の生長と発育に影響しているかを表2.3にまとめた．水は水源の確保と灌漑施設，そして窒素は化学肥料の生産と流通の整備で供給が安定する．しかし，営農システムにおける水と窒素の使用の程度は，生産性に対する水と窒素の相対的価格も関係する(図2.4)．農作物の生産性は，生産物の価格支持のみではなく，生産資材の投入を間接的に支援することで維持される．

表 2.3 作物の生産過程における作物生育と水・窒素との生理生態的関係（星川, 1993；堀江・高見, 1995 などより作成）

	両者の関係	具体的内容
水と生長	水ストレスによる生長抑制	植物体の水ポテンシャルの低下による葉面積の拡大生長の抑制と光合成の抑制*1, それらによる日射吸収率と乾物変換効率の低下によって起こる.
	湿害による生長抑制	畑作物では, 土壌水分が過剰になると根系の発達が抑制され, 酸素不足で根ぐされを起こす. それぞれの作物には生長が最大になる適土壌水分が存在する.
水と発育	生殖発育相における水ストレス	出穂・開花の遅延, 落花・落莢, 枝梗・落花の退化および穎花の不捻などを介して収量に甚大な損失を与える.
窒素と生長	窒素は葉面積の拡大を介して日射吸収率を増加させる.	葉面積拡大や茎数の増加（葉数の増加）の相対生長速度は, 葉中の窒素濃度に比例している.
	窒素は葉の光合成能力の向上を介して日射エネルギーの変換効率を向上させる.	光合成速度は葉中の窒素濃度*2の増加につれて, 最初は直線的に増加し, 窒素濃度がさらに増加すると, しだいに頭打ち傾向*3を示す.
	過剰な窒素吸収は, 過繁茂, 茎の耐倒伏性能力低下, 冷害抵抗性低下, 病害虫発生増加などの負の作用をもたらす.	障害型冷害に対する穂孕み期限界窒素濃度は品種ごとに異なり, きらら397では 2.9〜3.5 と推定されている.
窒素と発育	窒素は, 穎花数など収量器官の形成・発達を促進する.	窒素保有量の増加につれて穎花数は増加し, やがて低下する. 穎花数を最大とする窒素保有量は, 品種により異なる.

*1：水ポテンシャルの低下により細胞肥大の原動力である圧ポテンシャルが低下することで葉の伸長生長が抑制される. また, 葉の水ポテンシャルが低下することで, CO_2 の取り込み口としての気孔が閉鎖するために光合成が低下する.

*2：CO_2 固定酵素の中で量的に最も多い RuBP カルボキシラーゼが, 葉内の酵素タンパク質である水溶性タンパク質の約 50 %, 全窒素の約 40 % を占めているからである.

*3：日射エネルギー変換効率が頭打ちになる葉中窒素濃度は, トウモロコシ, イネ, ダイズでそれぞれ約 0.8, 1.8, 2.4 g/m^2 である.

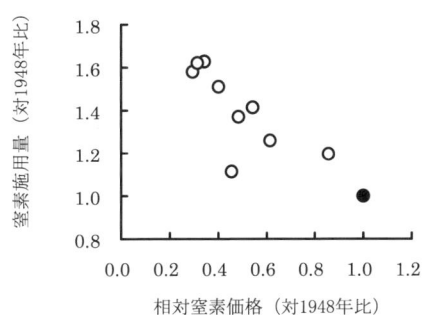

図 2.4 水稲栽培における窒素の相対価格と施用量との関係（1948（●）〜1957 年；作物統計および日本農業基礎統計より作成）
窒素の相対価格は, 窒素価格／（10 a あたり収量×米価）の対 1948 年比とした.

表 2.4 地域別にみた水使用量とその将来予測 (WHO, 1996)

	総使用量 (km³)			Ⓑ/Ⓐ	Ⓒ/Ⓑ	河川水量* (km³)	取水率* (%)
	Ⓐ 1950年	Ⓑ 1995年	Ⓒ 2025年				
アジア	859	2085	2997	2.43	1.44	13508	15.44
ヨーロッパ	93	497	602	5.34	1.21	2900	17.14
北アメリカ	281	652	794	2.32	1.22	7770	8.39
南アメリカ	59	152	233	2.58	1.53	12030	1.26
アフリカ	56	161	254	2.88	1.58	4040	3.99
オセアニア	10	26	33	2.60	1.27	2400	1.08
世界	1359	3572	4913	2.63	1.38	42648	8.38

	1人あたり使用量 (L/日)			ⓑ/ⓐ	ⓒ/ⓑ	河川水による灌漑水量 (mm)
	ⓐ 1950年	ⓑ 1995年	ⓒ 2025年			
アジア	1663	1714	1671	1.03	0.97	309
ヨーロッパ	490	1985	2406	4.05	1.21	278
北アメリカ	3548	3924	3654	1.11	0.93	320
南アメリカ	1474	1273	1292	0.86	1.01	674
アフリカ	700	593	446	0.85	0.75	134
オセアニア	2333	2407	2365	1.03	0.98	268
世界	1493	1756	1625	1.18	0.93	315

＊：河川水量＝降雨量－蒸発散量－地下水浸透．河川水量と取水率は1995年の値．

a. 水

実際に使用可能な河川水は，陸上への降水量（約11.9万 km³）から蒸発散量と地下水浸透量を差し引いた4.26万 km³（地球上の水の約0.00306％，全淡水の0.177％）と考えられている．河川水の量とその取水率には地域間差があり，世界の水使用量の約60％をアジアが占め，次いで北アメリカ，ヨーロッパで多い（表2.4）．世界の水使用量は，1950年からの45年間で2.6倍と急速に増加したが，その後の30年間では1.3倍と増加が鈍化すると予測されている．水使用量の約70％が農業用水で，その約70％がアジアで使用されていると推定されている．一方，1人あたりの水使用量は，北アメリカで非常に多くアフリカで極端に少なく，河川水による灌漑水量もアフリカで極端に少ない．1995年からの30年間で1人あたり水使用量はヨーロッパを除けば微増から減少傾向で，特にアフリカでの著しい低下が懸念される．このように利用可能な淡水の地域偏在性が，21世紀の地球規模でのバランスのとれた農業生産の発展を阻害すると考えられている[2]．一方，不足する水と農業システムの維持や向上とを調和させた事例が，本書の第6章と第7章で解説されている．

表 2.5　地域別にみた窒素使用量の推移（FAOSTAT より作成）

	総生産量 (t)		Ⓑ/Ⓐ	耕地面積あたり供給量(kg/ha)		ⓑ/ⓐ
	Ⓐ 1961 年	Ⓑ 2002 年		ⓐ 1961 年	ⓑ 2002 年	
アジア	2,120,757	49,805,392	23.48	4.84	86.86	17.93
（中国）	544,000	25,430,147	46.75	5.17	165.18	31.96
（日本）	633,400	463,000	0.73	105.39	97.23	0.92
アフリカ	352,906	2,749,366	7.79	2.27	13.05	5.74
ヨーロッパ	4,631,135	13,342,753	2.88	30.60	43.89	1.43
北中アメリカ	3,401,966	14,109,228	4.15	13.08	53.02	4.05
（合衆国）	3,057,179	10,878,330	3.56	16.75	61.09	3.65
南アメリカ	181,117	3,443,172	19.01	2.33	27.20	11.66
オセアニア	40,867	1,296,393	31.72	1.17	24.15	20.60
世　界	11,587,748	84,746,304	7.31	8.54	55.23	6.47

b. 窒　素

耕地生態系では，一次生産物の多くの部分が人間によって収穫物として系外に持ち出される．これに伴い減少した土壌の無機栄養素を補うために，営農システム内外から化学肥料，堆肥，その他の有機・無機資材が補給される．

1961 年時点での化学肥料の耕地面積あたりの使用量をみると，アジア，アフリカ，南アメリカ，オセアニアで非常に少ない．その後，2002 年までの約 40 年間に，アジア，南アメリカ，オセアニアでの使用量の増加が著しく，特に中国での増加が顕著である（表 2.5）．これは，中国における 1980 年代からの食糧増産政策（7.1 節参照）が増加の一因と考えられる．日本では 1960 年において，すでに耕地面積あたり使用量が極端に多く，原因の一つとして水稲生産性向上と肥料価格の低下に伴う肥料価格の相対的低下が考えられる（図 2.4）．水が作物生育の制限要因となっている地域では化学肥料の効果が低く，その使用が制限されている．

2.1.4　農　　地

営農システムにおける農業労働の対象となる作物や家畜などを労働対象，農業機械や施設などの農業労働の補助手段となるものを労働手段，両者をあわせて生産手段と呼ぶ．農地は労働手段であるとともに，農地を農業生産に好ましい状態，すなわち営農システムの四つの属性を実現するために耕起・土壌改良などの栽培管理を行う．このように農業生産における農地は，労働手段であるとともに労働対象である．

a. 農地面積

　営農システムにおいて使用する農地をそれぞれの用途によって分類すると，耕地（水田と畑），樹園地，永久草地，林地などとなる．このように用途から分類した土地の種類を地目という．地目から見た日本の農地利用の特徴は，永久草地の比率の低さ（約 1.3 ％）と水田の比率の高さ（約 60 ％）である．世界の耕地面積は，1961 年の 12.7 億 ha から 2002 年の 14.0 億 ha へと微増し，果樹などの永年作物の面積は，0.77 億 ha から 1.30 億 ha と増加した．灌漑面積は 1.4 億 ha から 2.7 億 ha，灌漑率は 10.2 ％から 18 ％へとほぼ倍増した．世界の農地化率（陸地面積に対する耕地＋樹園地の百分比）は，1961 年の 10.3 ％から 2002 年の 11.7 ％と増加している．現在，全陸地の約 32 ％が林地，約 30 ％が人間の居住地や工業用地，砂漠や山岳の裸地など作物生産に利用できない土地である．今後，さらに耕地化が可能と考えられている土地の多くは，乾燥地や半乾燥地などの永久草地として使用されている土地（陸地面積の約 27 ％）で，生産力は低く灌漑が必要であるなど問題が多い．そして，農地の砂漠化が毎年 500〜700 万 ha のスピードで進行している（気象庁，1989）．すなわち，地球規模でみた場合，現在の限られた耕地で食糧生産の向上を図る方策が，新たな農地の開発に比較してより現実的と考えられる．なお，砂漠化とは，乾燥地および半乾燥地において，気候的要因（大気の大循環の変動に伴う長期の干ばつや大雨による土壌侵食など）とともに，栽培管理要因（人口圧による過耕作と家畜の過放牧，薪炭のための過伐木，不合理な灌漑による塩類集積[注8]など）で起こる土壌劣化による土地生産力の低下と定義されている．一方，生産性の向上と地域の農業生産の確保，および地域経済の安定化のための規模経営の必要性とその実現方策については，本書 7.1 節で解説されている．

b. 転用による農地の減少

　農地は人為潰廃（工場，住宅，各種道路，植林などのため）および砂漠化などによって減少する．東南アジアの都市化の進む地域や水が少ない地域では工場用地への転用が進み農地が減少し，中国南部では経済発展による野菜，果樹，養魚池への水田の転用により水稲作付面積が減少している．我が国では，2001 年，約 2 万 ha の農地が人為潰廃されている（農林水産省，「農地の移動と転用」）．

2.1.5　土　　壌

　土壌の物理性，化学性，生物性は相互に関係しあい，土壌の各特性は栽培管理

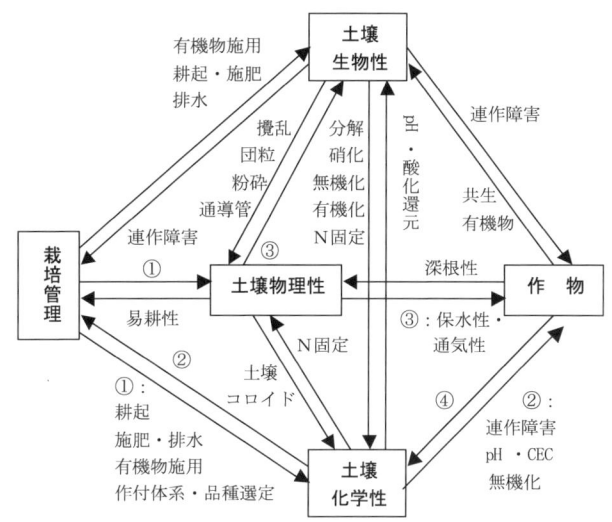

図 2.5 土壌特性，栽培管理および作物生育の相互関係
④：作物残渣，リター．図中の番号①，②，③はそれぞれ同一内容であることを示す．

によって変化し，選択される栽培管理は土壌の特性によって決まる．そして土壌特性は作物の生育と相互作用を及ぼし合う（図2.5）．これらの理解は，営農システムの生産性，安定性，持続性，扶養性の基礎であることはすでに述べたとおりである．

a. 土壌の物理性

農地は平面的な広がりをその特性の一つとするが，土壌は平面的広がりとともに地表面からの垂直方向の特性（土壌断面）によって特徴づけられる．土壌は無機物（鉱物）や有機物およびそれらが構成する団粒からなる固相，土壌孔隙を満たす液相と気相の3相からなる．3相分布は，作物根の生育環境（水，酸素，栄養素の供給，根の伸長などに関係する透水性，保水性，通気性，養分保持性）や耕耘の容易性（易耕性）などと密接に関連している．これらの土壌特性を左右する最大要因の一つは土壌粒子の大きさと分布である．土壌粒子は粒度によって，礫（> 2 mm），砂（粗砂（0.2～2 mm），細砂（0.2～0.02 mm）），シルト（0.02～0.002 mm），粘土（<0.002 mm）に区分され，粒度が小さくなるにつれ，比表面積，膨潤能，吸着能，水分保持能，可塑性，粘着性が高くなる．土壌の土性は砂，シルト，粘土の含量比をもとに，重粘土，壌土，埴壌土，軽埴土など12に区分されている．粘土鉱物は，腐植とともに土壌コロイド[註9]を形成しており，土壌

中での化学反応，それを通じての栄養素の保持と供給の重要な役割を担っている．

b. 土壌の化学性

植物は，他の栄養素で代替できない 16 の必須栄養素のうち，水や空気から得る H，C，O の 3 元素を除く N，P，K，Ca，Mg，S，Fe，Mn，Cu，Zn，Mo，B，Cl を土壌溶液から吸収している．土壌中において栄養素は，土壌有機物（植物，微生物，動物の遺体や腐植）および土壌鉱物の中に存在する．土壌有機物は微生物により分解され，鉱物は風化されることで，それぞれの栄養素は土壌溶液から根を介して植物体へと吸収される．土壌有機物や鉱物は正または負に帯電しており，土壌溶液中の陰イオンまたは陽イオンを吸着・保持できる．土壌の陽イオン保持能力は陽イオン交換容量（cation exchange capacity：CEC），陰イオン保持能力は陰イオン交換容量（anion exchange capacity：AEC）とよばれ，土壌肥沃度を表現する指標である．一般的に，CEC に比べて AEC は少なく，陰イオンで存在する栄養素は土壌から失われやすく，その中でも吸着力の弱い NO_3^- は特に失われやすい．

多雨な気候条件下では，降水量が蒸発散量を超えるため土壌コロイドから塩基が流亡し，代わって交換性 H や交換性 Al が増え土壌の酸性化[註10]が進む．逆に，乾燥気候下やハウス栽培下では土壌水分の蒸発に伴って土壌表層に Na，K，Ca，Mg 塩などの集積が起こり，易溶性の Na，K 塩を含む土壌は強いアルカリ性を呈する．土壌 pH は各種元素の土壌溶液への溶解度，植物と土壌生物の活動などを支配する[註11]．

c. 土壌の生物性

土壌中で生活する土壌動物（ミミズ，ヤスデ，各種の線虫や原生動物など）と微生物（細菌，放線菌，糸状菌，藻類など）は，土壌中にすき込まれたわら類や収穫残渣などが作物に利用できる無機物にまで分解される過程の種々の段階に関与している（表 2.6）．このような土壌の物質変化は，土壌肥沃度の発現・維持・向上に密接に関係し作物生産の基礎をなしているだけでなく，栄養素循環の潤滑な運行を支えている．一方，土壌中には，土壌病原菌（苗立枯病を発病させる Pythium 菌，萎ちょう病の Fusarium 菌など）および作物寄生性の線虫などが生息している．土壌中における有用および有害土壌生物の構成は，栽培される作物種，土壌中の有機物の質と量，土壌の温度・pH・水分・酸化還元の程度などによって変化する．

表2.6 土壌生物の働き（久馬ら，1993などより作成）

土壌動物	通導管の形成	土壌動物が形成した下層まで細長く延びた孔隙（通導管）が，流去水の減少，保水能力の向上，通気性の改善に貢献する．
	団粒の形成	土壌動物の糞は有機物，粘土，Caなどに富むとともに，有機物と無機質粒子がよく混和されており，耐水性団粒の形成に大きく寄与する．
	土壌の攪乱	土壌を摂取，排泄する行動は土壌を攪拌し，土壌層位の発達に影響を及ぼす．
	植物遺体の粉砕	土壌動物に粉砕され表面積が増大するとともに，リグニン組織が破壊された生物遺体は，土壌微生物の分解作用を受けやすくなる．
土壌微生物	生物遺体の腐朽分解	土壌微生物はその生化学反応で生物遺体を腐朽分解し，有機化合物の大部分をCO_2, NH_4^+, $H_2PO_4^-$, SO_4^{2-}などに無機化する．
	窒素無機化・有機化	窒素含量の高い有機物が微生物分解を受けると，その窒素はおもにNH_4^+として放出される（窒素の無機化）．一方窒素含量の低い有機物では無機態窒素（NH_4^+, NO_3^-）が有機態窒素に変換される（窒素の有機化）．
	硝化作用	酸化条件下で亜硝酸・硝酸バクテリアは，腐敗バクテリアなどが無機化生成したNH_4^+や施肥由来のNH_4^+をNO_3^-に硝化する．硝化はpHや温度の低下で阻害される．
	脱窒作用	有機栄養微生物は，エネルギーを得るための嫌気有機物分解過程での電子の受容体として硝酸や亜硝酸を利用し，これらをN_2, N_2Oに変換して脱窒させる．
	窒素固定	共生バクテリアは寄主植物，非共生型の単性バクテリアは土壌から摂取した炭水化物の分解から生じるエネルギーを使用して気体窒素をNH_4^+にまで還元する．自立栄養型の光合成バクテリアやラン藻は窒素固定に炭水化物の供給を必要としない．

d. 空間変異

連続する多数の圃場や大区画圃場の土壌にみられる理化学性の空間変異（第3章，図3.8参照）の把握と解析は，その空間変異を均一化するための土壌管理，および土壌の空間変異に起因する作物生育の空間変異を是正する栽培管理などを実施するうえでの鍵である．空間変異の特性からみて最適な調査地点間距離や管理単位を明らかにする空間変異解析では，セミバリオグラム(SVG；図2.6)の特性によって空間変異の実態を評価する．SVGは，調査地点間の距離（h）をX軸（ラグ）の単位とし，次式で求められるセミバリアンス（$\gamma(h)$）をY軸とする関係式である[3]．

$$\gamma(h) = \frac{1}{2\,n(h)} \sum_{i=1}^{n(h)} [Z(x_i+h) - Z(x_i)]^2$$

$n(h)$は地点間距離をhとする調査地点数，$Z(x_i)$と$Z(x_i+h)$はX軸x_iとx_i+hにおける測定値である．SVGの特性は，空間構造の発達程度を表すQ値と空間依存距離を示すレンジ（R）で表される[4]．

$$Q = (S-N)/S \quad \text{ただし，} 0 \leqq Q \leqq 1$$

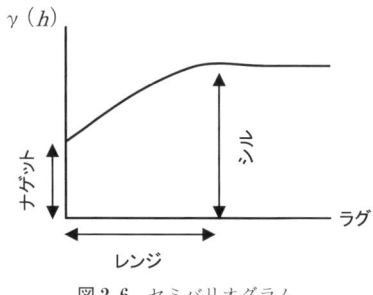

図 2.6 セミバリオグラム

S（シルバリアンス）は調査データの全変動を示し，N（ナゲットバリアンス）は原点でのセミバリアンス（SV の Y 軸切片）である．N は測定誤差と次の調査地点までの間の変動を包含している．$Q=0$ ならば空間構造が発達していない．Q 値が 1 に近づくほど空間構造がよく発達していることを示す．このような空間変異解析は，土壌の理化学性のほかに作物の生育・収量の解析にも適応可能で，解析ソフトに GS+ for Windows（Gamma Design Software）がある．土壌理化学性と生育・収量などの空間変異の関係の解析から，空間変異に基づいた栽培管理が可能となる．リモートセンシングカメラと直結した画像解析装置とコンピューター制御装置を搭載した可変管理の可能な作業機の開発が進んでいる（第 3 章，図 3.11 参照）．

2.2　生産と栽培管理

　営農システムでは，目的とする高く安定した生産性を持続的に確保するために，栽培植物以外の生産者である雑草や消費者である病害虫を栽培植物群落から排除し，その群落生長を確保するために必要な栄養素，水，酸素などを供給できるように耕地土壌の理化学性と生物性を管理する．そのため，栽培植物群落と耕地土壌の適切な管理は，営農システムの生産性，安定性，持続性，扶養性のカギとなる．

2.2.1　栽培管理と補助エネルギー

　人類は，自然生態系を切り開いた農地（耕地生態系や草地生態系）で農業生産を拡大することにより増加し続ける人口を養ってきた．耕地生態系では，生産物を収穫（純生産量の 30〜75％，表 2.7）というかたちで系外へ持ち出すため，失

表 2.7 地上生態系におけるバイオマス生産と炭素の流れ（農林水産省農業環境技術研究所編，1986を改変）

	森林生態系	草原生態系	耕地生態系
主要な生産者	木本	多年生草本	一年生草本
総生産量（C t/ha/年）	17.9	5.12	4.48
呼吸消費（対総生産量）	67.5%	47.5%	37.5%
純生産量（C t/ha/年）	5.81	2.69	2.80
被食量（対純生産量）	5%	30%	2%
収穫物の系外持ち出し（対純生産量）	0%	0%	30〜75%
バイオマス現存量（C t/ha）	130	13	4
現存量のおもに分布する部分	幹	地下部	地上部
（上記の割合）	(60〜80%)	(60〜80%)	(75〜90%)
生態系における有機態炭素のおもなプール	樹木および腐植	腐植	腐植

われる栄養素に見合った以上の投入を行わねば高く安定した生産性を持続することは困難である．また，耕地生態系では，その構成要素（土壌，作物，雑草，病害虫など）を対象に栽培管理が行われる．これらの栽培管理にはすべて直接・間接的なエネルギーが必要で，生態系の諸機能の基礎である太陽エネルギーに対して，補助エネルギーとよばれる．耕地生態系では補助エネルギーの投入がないと作物の生産性が低下するばかりでなく，耕地が遷移を始め，やがて自然生態系に戻る．このように補助エネルギーは耕地生態系にとって不可欠である．補助エネルギーの投入増加により顕著な生産性の向上が得られてきたが，その投入量が増加し続けると，生産性の増加はやがて鈍化，停滞する（図2.7）．両者の間に存在

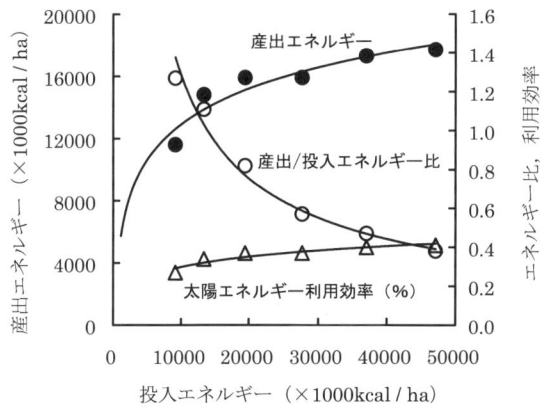

図 2.7 水稲栽培における投入エネルギーの利用（宇田川，1980より作成）

表 2.8 水稲栽培における投入エネルギーの推定（宇田川，1980；Pimentel and Pimentel，1979；および農業統計より作成）

	ボルネオ[*4]	1950 年	1960 年	1970 年	1974 年
エネルギーの出納（1000 kcal/ha）					
投入エネルギー					
直接的エネルギー[*1]					
労働力	626	1120	870	590	440
（うち除草労働）		(204)	(135)	(65)	(45)
畜力		272	160	0	0
機械	16[*3]	1370	3830	13830	15950
間接的エネルギー[*2]					
燃料		80	400	1790	1870
肥料		2400	6070	9820	9820
農薬		60	840	1940	1950
電力		280	410	710	560
資材		-	580	620	2080
建物		1820	1810	2500	2920
灌漑		1550	2850	2400	2720
種子	392	190	140	160	160
その他		-	1340	3220	8630
合計	1034	9142	19300	37580	47100
産出エネルギー					
米の収穫量（エネルギー換算）	7318	11600	15900	17300	17700
産出／投入エネルギー比	7.08	1.27	0.82	0.46	0.38
太陽エネルギー利用効率（％）	0.17	0.27	0.37	0.40	0.41

*1：農民の食料，役畜の飼料，および農業機械の燃料として消費したエネルギー．
*2：農業生産に要する機械，建物，農薬などを製造するのに消費したエネルギー．
*3：くわとすき．
*4：Freeman, 1955

するこのような傾向は，収量漸減の法則とよばれる．人力に依存した低投入の生産では補助エネルギーの利用効率は高いが，生産性と扶養性が低く，労働環境は不良である（第3章）．そのため，補助エネルギーの利用効率の改善を実現する栽培管理の開発・普及がきわめて現実的で重要な課題である．

2.2.2 補助エネルギー利用率の改善

投入／産出エネルギー比の構成表（表 2.8）は，農業システムをその生産活動の効率から評価・改善する指標となる．自給的な低投入の農業システムと現在の農業システムの投入／産出エネルギー比の比較では，投入エネルギーの項目が両者

で異なること，農業生産の本質である太陽エネルギーの利用効率が補助エネルギーの使用により0.17％から0.41％にまで上昇していること（農業システムの生産性が向上していること）などを考えておかなければならない．投入／産出エネルギー比だけに注目して農業システムを比較するよりも，投入エネルギーが多い項目（水稲栽培では，耕起・代かき，田植え，収穫などの機械，施肥）についての改善策と産出エネルギーを増大させる方策を検討することが，営農システムの四つの属性からより現実的で重要である．

a. 機　械

機械化は，低投入時代の主要なエネルギー投入であった肉体労働（耕起，代かき，田植え，収穫など）から農民を解放し（第3章参照），営農システムの二極分化（一部の大規模経営と多くの小規模兼業農家）をもたらした．農業機械の進歩によって個々の農作業のエネルギー効率は改善されてきたが，小規模農家では経営規模に比較して不釣り合いに能力の高い機械を保有しており，全投入エネルギーに占めるその割合は非常に高い．この場合，大規模農家や専門組織への農作業の委託がこの問題を解決している．将来的には，土壌理化学性，作物の生育・収量，雑草や病害虫の発生などの空間変異を知ることで，それらの空間変異に基づいた必要な場所に必要な量の管理を施す栽培管理が可能となり，農作業のエネルギー効率と全投入エネルギーに占める割合をさらに低下させるであろう．前節でも紹介した，リモートセンシングカメラと直結した画像解析装置とコンピューター制御装置を搭載した可変管理の可能な作業機の開発は，そうした試みの先鞭となるものである．

b. 耕　起

除草剤が使用される以前は，耕起や代かきが播種・移植前に雑草を除去するおもな方法であり，除草や収穫作業とともに営農システムにおける最も主要なエネルギー投入であった．現在，除草剤を使用することで耕起の回数が減少した栽培体系，代かきを省略した栽培体系（不耕起や部分耕，直播栽培）が確立されている．しかし，耕起回数の減少によって投入／産出エネルギー比が顕著に減少するのは，耕起以外の投入エネルギー量が少ない営農システム（たとえば，無窒素あるいは低窒素の天水田稲作）においてであり，耕起以外の投入エネルギー量が極端に多くなった営農システムではその効果は低い．

c. 肥　料

化学肥料はその製造に多くのエネルギーを必要[注12)]とし，化学肥料の施用が投

入エネルギーに占める割合は機械とともに非常に高い（表 2.8）．このため，営農システムにおける窒素肥料の使用量の削減による全投入エネルギーの節約効果は他の項目に比較して高い．肥料の使用を削減するには，肥料成分の吸収率を向上させる，または肥料成分の脱窒や流亡などのロスを防ぐ施肥法（施肥量，施肥時期，施肥位置，土壌水分管理など）と緩効性肥料の導入，輪作体系へのマメ科作物の導入による窒素固定能の利用，土壌から無機化する栄養素を増加させる，などの方法がある．窒素固定能があるといっても，マメ科作物は子実を収穫することで多くの窒素（全植物体窒素の 60～70 %）を圃場から持ち出すので，土壌への窒素付加量はあまり高くない[5]．一方マメ科牧草を耕地に還元すれば多くの窒素を土壌中に固定できるが，生産物の販売収入がなくなる．土壌窒素無機化量は，有機物還元とともに田畑輪換による乾土効果[注13]によって向上させることができる．

d. 農　薬

除草剤は，機械除草や人力除草と代替することで労働力エネルギーを削減する．たとえば水稲栽培では，除草をすべて人力で行った場合のエネルギー（1950 年の除草労働エネルギー 204×10^3 kcal/ha）が，全投入エネルギー量の 2.2 %（1950 年）から 0.4 %（1974）に相当する（表 2.8）．しかし実際には，除草剤の効果としてはむしろ雑草害による収量低下（ノビエの場合，3.2～18.8 % と推定されている[6]）を抑えることによる産出エネルギー増大への貢献の方が大きい．同様のことが，殺虫・殺菌剤の使用についてもいえる．

2.2.3　高い生産性を実現する栽培管理

耕地生態系は，人類のカロリー源となる穀物やイモ類のほとんどを供給する．しかし，表 2.7 からもわかるように，単位面積あたりの純生産力が耕地において特にすぐれているわけではない．耕地生態系では，作物以外の生産者である雑草や消費者である病害虫が，栽培管理によって徹底的に排除・抑制される．その結果，純生産のほとんどを作物が占める．また，作物の収穫指数（生産された全バイオマスのうち収穫部分の割合）を大きくする遺伝的改良と栽培管理（追肥，芽かき，摘心，ホルモン処理など），および収穫指数を低下させる各種ストレスと倒伏などを回避する栽培管理が実施される．さらに，種子の発芽・苗立ちに関する遺伝的改良と良好な発芽・苗立ちを確保する播種床の準備などにより，次年度の種子や種いもの量が収穫量の約 0.5～10 % と少ない．以上のことから，純生産の

多くの部分（純生産量の 30〜75 %）を消費できるのである．そして，遺伝的にバイオマス生産能力の高い品種の開発とその能力を引き出す積極的な施肥や灌漑などの栽培管理によって耕地生態系で生産されるバイオマス量（産出エネルギー量）は増大し，食糧の供給力はさらに増強されるのである．

2.2.4　雑草の管理

耕地生態系の生産者は作物と雑草である．作物は人間の栽培管理がなければ繁殖・生存することが困難である．雑草は，耕起・中耕などの栽培管理による頻繁な攪乱の中で繁殖する特性を発達させている．そして，雑草は野性植物との競合に弱く，栽培管理により絶えず攪乱され，雑草の競合相手がたえず抑制されている状態のもとでのみ生存しうる．また，雑草の肥料反応性は野生植物に比較して相対的に大きい．そのため，栽培管理による頻繁な攪乱がおこる耕地では作物と雑草の間で，栄養素，水，光などをめぐる競合が起こる．そのため，生産者の純生産量の中で雑草が占める割合を極力小さくするように栽培管理が行われる．

2.2.5　達成可能収量と実収量

営農システムで得られる作物や家畜の実収量は，種や品種で遺伝的に決まっている潜在可能収量とそれを低下させる多様な生育・生産環境の制約の程度によって決まる．潜在可能収量とは，作物や家畜が最適な生物・物理的環境のもとで管理され，他の生育・生産環境の制約がないときに得られる収量を意味する．これらの制約のもと，利用可能な栽培技術を巧みに組み合わせることで得られ，地域や試験場における最高収量として記録される実収量は，達成可能収量とよばれる．実収量と達成可能収量との比較から，品種の遺伝的能力を十分に引き出すための栽培管理の開発と導入による生産性向上の可能性を明らかにできる（表 2.9）．作物の生産性に及ぼす品種の遺伝的能力と栽培技術との関係について，長谷川・堀江[7]は，水稲の実収量が驚異的に増加した 1950 年頃からの 20 年間を解析し，伸びのうちわけを品種単独の効果が約 20 %，その多収性を十分に発揮させる栽培技術（施肥，防除，圃場整備など）と品種との相乗効果が約 80 % としている．一方，田畑輪換田における水稲収量の 65 % が一般の栽培管理（土壌肥沃度，初期生育，肥培の各管理）で制御されており，残りの 35 % が今後の栽培技術発達の余地であることが示されている[8]．

表 2.9 作物別の達成可能収量と実収量 (Evans, 1993 に加筆・改変)

作物	国	年	収量 (t/ha) 達成可能	収量 (t/ha) 実収量	出典
トウモロコシ	アメリカ	1973	19.3	5.7	Matlick, 1974
	アメリカ	1985	23.2	7.4	Connell et al., 1987
水稲	インド	1970	10.7	1.7	Suetsuga, 1975
	インド	1974	13.4	1.6	Suetsuga, 1975
	エジプト	1982	11.5	5.7	Tanaka et al., 1987
	中国	1983	11.3	5.1	Xu et al., 1984
	中国	1994	12.8	5.8	天野他, 1996
	日本	1960	10.5	4.9	Ishizuka, 1978
	フィリピン	1972	11.0	1.4	Evans & De Datta, 1979
	オーストラリア	1991	11.1	8.9	大西他, 1993
コムギ	イギリス	1969	9.5	4.0	Stanhill, 1976
	イギリス	1982	15.7	6.2	Trow-Smith, 1982
	アメリカ	1966	14.5	1.8	Anon, 1966
	中国	1978	15.3	1.8	Cheng et al., 1979
ソルガム	アメリカ	1967	21.8	3.5	Nelson, 1967
オオムギ	イギリス	1980	10.5	4.4	McWhirter & McWhirter, 1983
	イギリス	1984	11.8	5.6	McWhirter & McWhirter, 1987
ダイズ	アメリカ	1966	5.6	1.7	Anon, 1966
	イタリア	1977	6.1	3.1	Whigham, 1983
キャッサバ	コロンビア	1977	28.0	9.0	Kawano, 1978
	コロンビア	1978	29.0	9.4	Veltkamp, 1985

2.2.6 収量向上と栽培管理

作物収量は，バイオマスと収穫指数の両者の改善にともなって向上してきた(表 2.10)．耕地生態系の生産者（作物）のバイオマス（Wt；単位 kg/ha）は，作物群落が吸収した太陽エネルギーの量（Sa；単位 MJ/ha）に比例する．

$$Wt = Cv \sum_{i=0}^{n} Sa_i = Cv \sum_{i=0}^{n} \alpha_i S_i$$

Cv は吸収した太陽エネルギーのバイオマスへの変換効率(kg/MJ)．S_i と α_i は i 日における日射量（MJ/ha）と群落による吸収率，n は播種日や移植日からの作物の生育日数である．α_i は次式で表すことができる．

$$\alpha_i = 1 - \exp(-k \times LAI_i)$$

k は群落の吸光係数，LAI_i は i 日における葉面積指数である．

ここで，Wt に占める収量の比率を表す収穫指数（HI）を考えることで，作物収量（Y；単位 kg/ha）は次式で表される．

表 2.10 育成年次でみた水稲の籾収量 (kg/10 a)，バイオマス生産量 (kg/10 a) および収穫指数の比較（香川大学農学部学術報告，50(1)：9-15，1998 より作成）

育成年次	精籾重 (kg/10 a)	バイオマス生産量 (kg/10 a)	収穫指数 (%)	代表的品種 (時代背景)
1830	499	1193	41.8	十石
1874	533	1388	38.4	竹成
1874〜1943	596	1480	40.6	神力，愛国，東山38号 (戦前の食糧増産)
1948〜1970	622	1387	45.0	金南風，コシヒカリ，トドロキワセ (戦後の近代品種と食糧増産)
1971〜1987	631	1441	43.9	コガネマサリ，星の光 (減反政策下での単収向上)
1988〜1993	662	1514	44.1	キヌヒカリ，ヒノヒカリ，ハナエチゼン (良食味品種の育成・普及)
精籾重への寄与率*		44.3 %	55.7 %	

＊：明治以降の精籾重増加への寄与率を示す．

$$Y = Wt \times HI$$

以上のことから，作物の収量を高めるには，大きな収穫指数[註14]，そして大きなバイオマスを得るための高い変換効率，高い日射吸収率および長い生育日数などの遺伝的能力を改良するとともに，それらの能力を十分に発揮させる栽培管理が重要である．土壌からの水や無機養分の供給に不足が生じないようにする土壌管理とともに，収穫指数を大きくする生育調整（芽かき，摘心，ホルモン処理など），受光体勢を良くする草姿の改善と葉面積の確保および耐倒伏性の増強，作期の前進による生育日数の確保などの栽培管理が行われている．

2.2.7 土壌管理

土壌の適切な管理は営農システムの持続性の鍵である．土壌肥沃度の管理技術として，耕うん，多様な土地利用，作物残渣や家畜排泄物の土壌への還元，栄養素の補給のための施肥などがある（表 2.11）．しかし，圃場の理化学性や生物性の状態を正確に診断・予測するのはコスト面からも困難な場面が多く，現実の土壌管理は作物の生育・収量の変異から判断される土壌の肥沃度や排水・保水性の良否などの経験的な知識に基づいて行なわれることが多い．

a. 有機物還元

土壌への有機物施用は，栄養素の供給，保水性と通気性の改善，CEC（陽イオ

表 2.11 地力要因と生産管理とのかかわり合い（農林水産省農業環境技術研究所編，1986 に加筆・改変）

地力要因	生産管理	化学肥料	緩効性肥料	無機質改良資材	有機質改良資材	客土	耕起（深耕）	水管理	輪作・田畑輪換
化学性	養分供給力	◎	○	○	○	○	○		
	養分の緩慢かつ継続的供給	◎	◎	○	○	○		○	
	緩衝能	○		○	○	○		○	
	有害物質の除去				○			◎	
物理性	水分供給，排水性，透水性				○	○	○	○	
	通気性				○		○	○	
	易耕性				◎	◎	○		
	耐浸食性				◎	○			◎
生物性	有機物分解，窒素固定など			○	◎			○	○
	病原菌，害虫の暴発防止				○			○	○
	雑草抑制	○					◎	◎	○

ン交換容量）の増大，生物相の多様化など，土壌の理化学性と生物性を改善するさまざまな効果をもたらす(表 2.11)．土壌へ施用される有機物は，わら類や収穫残渣，堆きゅう肥，緑肥などである．有機物に含まれる炭素 (C) と窒素 (N) の重量比を C/N 比と呼ぶが，C/N 比 20 以下（C/N 比が低いほど窒素が豊富である）の有機物を土壌還元すると，有機態窒素はアンモニア態窒素や硝酸態窒素に無機化され微生物体の合成に使われる．細菌の C/N 比は 6〜13，糸状菌は 3〜6 なので多くの窒素はこれらに取り込まれるが，すべては微生物に利用されず，残った無機態窒素が作物の利用可能な土壌由来の窒素となる．微生物に取り込まれ有機態となった窒素は，腐植化過程を通じて腐食物質に組み込まれ，土壌の理化学性を改善する．一方，C/N 比 30 以上の(すなわち，相対的に窒素が欠乏している）有機物の場合は，自身に含まれていた窒素だけでなく，土壌中に存在した無機態窒素までが微生物体の合成に使用される．作物は，微生物と土壌中の無機態窒素を競合することで，一時的に窒素欠乏の状態（窒素飢餓）となり，作物の生育停滞や葉の黄化などの障害を受ける．

b. 耕うん

耕うんは土壌管理の主要な手段で，プラウを用いて土壌を反転させる耕起作業，

耕起された土壌を細かくする砕土作業，そして耕うん土壌の整地作業から構成される．雑草，前作物の刈株や堆きゅう肥などを土壌中にすき込み（雑草防除，有機物の分解促進），土壌を膨軟化し（通気性と保水性），砕土・整地による種子の発芽や幼植物の定着環境を整え，施肥効果の均一化を図るなどを目的とする．作物の生育途中に畦間の土壌表層を浅く耕す作業が中耕で，雑草防除，下層との毛管切断による土壌表面蒸発の抑制，雨水の水分保持などとともに，中耕と同時に培土を行うことで作物の耐倒伏性の増強や湿害防止に有効である．耕うん作業の所要エネルギーは非常に大きく，耕うん後の圃場は裸地となり侵食を受けやすいため，不耕起栽培や部分耕栽培も行なわれている．不耕起栽培などでは，土壌硬度の増大による作物の生育不良や湿害，肥料の利用率の低下，除草剤の使用量の増加，脱窒や揮散による環境負荷の増大などへの適切な対応が必要である．

c. 施 肥

施肥法（施肥量，施肥時期，施肥位置など）は，作物の栄養生理特性，栽培地の土壌特性と栄養素の天然供給量，前作の残効[注15]，気象条件などと経済性や環境への影響を考慮して決まる．

施肥量（Nc）は理論的に次式によって決めることができる[9]．

$$Nc = Hf/j = (Nopt - H - Ns)/j$$

Hf は施肥時（t_1）から目的とする時期（t_2）までに作物が吸収すべき施肥由来の窒素量，j は作物による施肥窒素の吸収率（t_1 から t_2 まで），$Nopt$ は t_2 における最適窒素保有量，H は t_1 に作物がすでに保有する窒素量，Ns は t_1 から t_2 までに作物が吸収する土壌由来などの天然窒素供給量である．

目的とする時期（t_2）とは，作物の栄養診断において重要な時期で，穎花(えいか)数が決定される水稲の出穂期などである．j と $Nopt$ は，施肥と収量との間にみられる収量漸減の法則と，作物の要求する栄養素の種類と量（部分生産能率）を考慮しなければならない．部分生産能率とは，生育のある特定の期間に吸収された栄養素の収量に対する寄与率（生産能率）である．また H については，近年リモートセンシングの技術により広域において推定する方法が進歩している（図2.8；詳細は3.3.2項c.を参照されたい）．Ns は，地温に支配される土壌の窒素無機化速度と作物の窒素吸収能力（根量と根域，根の吸収速度など）によって決まる．

施肥時期は，収量や品質にとって重要な生育ステージ，たとえば，水稲の収量構成要素（m^2 あたり穂数，一株穂数，一穂穎花数，登熟歩合，千粒重）が直接または間接的に決定される時期に対応する．一般に養分要求量の多い野菜類などや

図 2.8 ラジコンヘリによる水稲生育状態のリモートセンシング（宮城県古川市）

保肥力の小さい砂質土壌などでは，追肥の回数を多くして吸収率と吸収量を確保する．肥効が長期間持続する被覆肥料では分施を省略できる．

施肥位置は，作物根の分布域の拡大と肥料の吸収率や濃度障害などとの関係から決められる．土壌の全体に施肥する全面施肥（全面表層施肥，全面全層施肥）と作土層の特定の位置に施肥する局所施肥がある．肥料成分の吸収率は，表層施肥＜全層施肥＜局所施肥の順に高くなる．局所施肥には，深層施肥，側条施肥，帯状施肥などがあり，作土層中の任意の位置に施肥できる施肥機の改良が進んでいる．

d. 窒素の環境容量と施肥

作物が必要とする以上に窒素を施用すると，土壌中に残存した過剰の窒素が土壌微生物の作用によって硝酸態窒素として土壌中にたまり，雨水によって下層へ溶脱し，地下水に流れ込む．飼料作，普通作，野菜作において，土壌が許容できる窒素投入量の上限（土壌窒素環境容量）は浸透水中硝酸態窒素（井戸水の硝酸態窒素濃度の環境省基準値は 10 ppm）から年間約 30 kgN/10 a と推定されている[10]．これらの場合，問題となる物質の環境による処理能力を前もって明らかにしなければならないが，これについては今後の研究を待たなければならない（第 5 章参照）．

2.2.8 水への対応

多くの農業は水供給の不安定(不足と過剰)な天水条件下で行われている．熱帯アジアにおける稲作をその水管理の方法によって分類すると表2.12になる．このように，温度が作物の生育を規制しない範囲では，不足または過剰な水への対応が栽培管理の最大の要因となる．水の過剰供給下では，地域レベルから圃場レベルでの排水対策，高畦や雨よけハウス栽培，土壌侵食や栄養素の流亡を防ぐための不耕起栽培，テラス栽培そして土壌被覆などが必要となる．また，降雨による農作業の中断・遅延は，植付けの遅れと成熟期の遅延，病虫害の増加，それらによる収量・品質の低下などをもたらすので，降雨の始まりまでに農作業を完了するための能力の高い農業機械や収穫物の機械乾燥，生育期間が短く収穫時期の早い早生品種，降雨の影響を受けにくい不耕起栽培などが導入される．一方，水供給の不足下で高い生産性を得るには，利用できる水の総量の最大化(下層の水を利用できる深根の形成，水競合対策の雑草防除，降雨のパターンに適応した栄養生長期と生殖生長期をもつ品種と作型，土壌保水性の増大など)，地面蒸発の最

表2.12 熱帯アジアにおける水条件に基づく稲作類型の特徴と面積割合(渡辺ほか編，1996)

類型	概要	標準的収量 (籾 t/ha)	面積割合 (%)		
			田中	Huke	Mishra
灌漑稲作	降雨では不足する水を河川，運河，池，井戸などから畦に囲まれた水田に灌漑する．移植が主．乾季作と雨季作がある．	3.0(雨季作) 3.5(乾季作)	33	24 9	20 9
天水田稲作	天水田で営まれる稲作．生育中の水深は0～50cmで，多くの圃場には畦畔があり，雨季の初めに植代を作り，移植されることが多い．	2.0	33	35	47
深水稲作	深水常習地帯の周辺部低地の稲作で，畦のある圃場に移植されるか，田面水のない状態で散播される．分けつ期から水深が深くなり50～150cmに達する．	1.5	10～15	13	6
浮稲作	大河のデルタ地帯の深水常習地帯の稲作．150～400cmの水深で，3～4ヶ月滞留する．浮稲とよばれる特別な品種を，畦のない圃場に雨の前に散播する．	1.0		6	
陸稲作	表面に水が留まらない畑状態の圃場(無畦畔)に直播され，天水によって生育するイネ．焼畑で栽培されることが多い．	1.0	10～15	13	13
潮汐湿地稲作	潮汐の影響下にある海岸や河口内陸部の低湿地の稲作．マングローブ林で覆われていることが多い．	2.5	5	—	—

小化(土壌表面のマルチ,土壌を早期に被覆するための栽植密度の増加,表層近くの根系の発達など),および蒸散効率[注16)]の高い作物の導入などが必要である.灌漑農業での水利用の効率化については第6章で解説されている.

2.2.9 土地利用と作付体系

大久保[11)]に従えば,耕地や施設に作物を時系列的に配置する場合には作物の連作障害,地力維持,収量・品質,収益性などとの関連で作付順序が決まる.作付順序において同じ作物を常に同じ耕地や施設で繰り返し栽培することが連作,これに対して異なる種類の作物(休閑を含む)を同一耕地に一定の順序で繰り返して栽培することが輪作である.輪作には,夏期に水田を畑とし畑作物を1～数年栽培した後,数年間水田として利用することを繰り返す「田畑輪換」がある.一方,作物の空間的配置(図2.9)には間作(前作物の生育後半にその畦間に後作物を栽培したり,主作物の生育初期にその畦間に生育期間の短い副作物を栽培する方法),混作(牧草地のイネ科とマメ科の混播のように2種以上の作物を同時期に同一圃場で混合栽培する方法)がある.作物の時系列配置を作付方式,または作付順序,空間的配置を作付様式,これらを総合して作付体系とよぶ.

輪作では,所有耕地を数ブロックに分割し,ブロック間で作付け順序が1年ずつ遅れるように作物を配置する.このことは,農業機械装備の規模抑制とその高い稼働率をもたらし,このような機械使用はエネルギー投入量を抑制するとともに食糧生産の均等化・安定化(危険分散)などの合理性を有している.

図2.9 長ネギとハクサイの間作(四川省)

さらに学習を進めるために

　生物資源と環境資源およびこれらと生産との関係は，"*Crop Ecology*"(Loomis, R. S. and Connor, D. J., 1992)，『最新土壌学』(朝倉書店，1997)，『土壌の事典』(朝倉書店，1993)などにさらに詳しく解説されている．全国を網羅した土地利用の実態は，『わが国における耕地利用の現状とその地域性』(耕地利用研究会，1982)に詳しい．なお，"*Crop Ecology*"は，『食料生産の生態学Ⅰ，Ⅱ，Ⅲ』(農林統計協会，1995) として翻訳出版されている．

　農業統計は，FAO Statistical Databases (http://apps.fao.org/)，農林水産省のデータベース (http://www.maff.go.jp/www/info/index.html) などが便利である．

〔稲村達也〕

註1：インドからマレー半島に生息する大型の野生牛ガウルから家畜化された牛．
註2：南アメリカ産のカモの一種．
註3：種子が発芽し，栄養器官の形成・発達，そして生殖器官の分化・発達をへて次年度の繁殖体の形成を完了するに至る1世代のこと．
註4：窒素吸収の制限，低温・短日処理によって花芽分化促進と収穫の前進を図る作型．冬季の草勢維持に電照やジベレリン処理を行う．
註5：鶏の産卵を持続するには秋から冬にかけての短日条件は不利である．対策として点灯飼育が行われる．1日14時間の一定照明と，12時間照明から始めて2週間おきに15〜20分ずつ照明時間を増し17時間で一定とする方法がある．
註6：栽培植物の発芽，葉の分化・出葉，花芽の分化・発達などの形態的あるいは質的変化を発育(development)，植物体の重さの増加や草丈の伸長などの量的変化を生長(growth)，両者をあわせて生育 (growth and development) とよぶ．
註7：水の動態は土壌-植物-大気系 (soil-plant-atmosphere continuum：SPAC) の連続したシステムとして考えられる．SPAC での水の流れの原動力は系内の水ポテンシャル差で，土壌から根，茎，葉を経て大気中に水が蒸発するのは，この順に水ポテンシャルが低くなっているからである．系内の水ポテンシャル差は，葉から水が蒸散されるために起こり，蒸散速度は太陽放射，風，湿度，温度などの環境とともに，気孔開度，根系の発達程度などの植物要因によっても制御されている．
註8：多量の灌漑や有機による硬い耕盤形成による地下水位の上昇，塩分を含む灌漑水の利用，灌漑水量に対する排水量割合の低下など種々の要因で塩分が土壌に蓄積し，作物生産に障害をもたらすこと．
註9：1 μm 以下の微細粒子．土壌中で腐植とともに陽イオンの交換・吸着に特に重要である．
註10：土壌の酸性化は，多雨，施肥，有機酸，パイライト(黄鉄鉱：水と空気に触れると硫酸を

形成する）に起因する．

註11：多くの作物の生育は，酸性土壌中で溶解度が増したAl，Mnの害作用（Alが根端部分裂細胞中の核酸と結合することで細胞分裂，根部の生長，地上部の生長が阻害される），およびCa^{2+}，Mg^{2+}などの欠乏によって阻害される．放線菌，細菌の活動は土壌pH 5.5以下で次第に低下し，硝化作用や空中窒素固定が阻害される．耕地の酸性土壌は，水酸化カルシウム，炭酸カルシウムなどの土壌混和によって矯正され，これらの資材は不足するカルシウム，マグネシウムを補給する．

註12：その製造に窒素は20,000 kcal/kg，リン酸は13,000 kcal/kg，カリウムは3,500 kcal/kgを必要とする．

註13：畑として利用していた水田を湛水した場合，土壌における有機物分解とアンモニアの生成が促進されること．土をよく乾かしておけばおくほど，その生成量は高い．

註14：栽培管理によって作物の競合相手である雑草が排除されている耕地生態系において，作物は他の種との間の競合のために使う物質やエネルギー（自然生態系では，草丈を高くし他の植物体の上に大きな葉を水平に広げ太陽エネルギーを独占し，他の植物との競合に勝つために，茎の部分に大量のバイオマスを分配している（表2.10））を削減して，これを収穫部分に分配することで収穫指数を大きくできる．

註15：施用された肥料の後作に対する肥効．肥料が連用される場合は，残効に累積効果がみられる．窒素の残効が高く，カリウムは低い．リン酸の残効は水田で高い．

註16：乾物1gを生産するのに要した蒸散量を要水量，その逆数を蒸散効率という．蒸散効率は大気飽差の影響を受けるので，蒸散効率に大気飽差を乗した係数を水利用の種間差の比較などに使用する．

引 用 文 献

1) 明峰正夫：農業および園芸，**4，5，8，13，14**，1929，1930，1933，1942，1943．
2) サンドラ・ポステル：水不足が世界を脅かす（福岡克也監訳），pp.297，家の光協会，2000．
3) Goovaerts, P. : *Biol. Fertil. Soil*, **27**：315-334，1998．
4) Goerres, J. H., *et al.* : *Soil Biol. Biochem.*, **30**：219-230，1997．
5) R. S. Loomis and D. J. Connor: *Crop Ecology*, p.414-415，1992．
6) Chisaka, H. : *Integrated Control of Weeds* (J. B. Fryer and S. Matsunaka eds.)，1977．
7) 長谷川利拡・堀江　武：農業および園芸，**70**：233-238，1995．
8) Inamura, T., *et al.* : *Plant Prod. Sci.*, **7**：230-239，2003．
9) 深山政治：水田土壌の窒素無機化と施肥（日本土壌肥料学会編），p.93-94，博友社，1990．
10) 金野隆光：最新土壌学（久馬一剛編），p.152-154，朝倉書店，1997．
11) 大久保隆弘：耕地利用と作付体系（栗原浩教授定年退官記念出版会），p.3，大明堂，1984．

3. 生産技術の革新と農家の行動

　農業は，その時代の最先端の技術を使って行われてきた．鉄は最初に武器に使われたが，その後くわや鎌に使用された．武田信玄の信玄堤にみるように，農地を守るための治水に戦国大名は当時の最高技術を傾けた．米国工学会は，農業機械化を20世紀のトップ革新技術の一つに選出した．我が国でも機械化により，労働時間の短縮と労働負荷軽減が達成された．世界の作柄は経済や軍事に大きく影響するため，作柄予測に人工衛星画像が1970年代から使われてきた．20世紀の農業機械化に対して，21世紀はGPS（全地球測位システム）を中心とする先端技術を用いた精密農業（precision agriculture）とよばれる農業の情報化が進展しようとしている．

3.1　農作業と農業機械

3.1.1　農業の特徴と農作業

　農業はすべての技術を取り込んで発展してきた．農業と工業はしばしば対比されるが，工業製品もその国の風土，民族の持つ文化から生まれてくる．我が国は海で囲まれているため，日本人には風土や民族の相異が工業製品に反映されていることが実感しにくい．これに対してヨーロッパは南北東西で風土が異なり，ラテン，ゲルマン，スラブ等の異なった民族が国境を接しているため，工業製品に与える民族・風土・文化の影響を実感しやすい．農業は，農地の上で自然の摂理に従って時間とともに生育する作物や家畜を対象とする．このため，農作業は時期的・空間的制約を受け，作業の順序を入れ替えることができず，また，一ヶ所で集中して作業を行うことができない．かつ，作物の生育や気候の変化に柔軟に対応するため，複数の作業を1人で受け持つ必要がある．これは大変なことであるが，すべての作業を担当しているため裁量の余地が大きく，達成感が味わえる．近年，工業製品の製造工程では長年続いてきた流れ作業から，セル作業とよばれる1人の作業者が組立工程のほとんどを担当し，工夫と改善の余地を残し，達成

感を味わえる方法が取り入れられている．

3.1.2 農作業と肉体的負担
a. 労働強度（エネルギー代謝率）

労働強度は，エネルギー代謝率（relative metabolic rate：RMR，＝労働代謝量／基礎代謝量）で表される．RMRとはある作業が基礎代謝量の何倍にあたるかを表す．基礎代謝量とは安静にしているときのエネルギー消費量で，これは個人的な条件により異なるが，日本人成人男子の基礎代謝量は約1400 kcal/日である．労働代謝量は作業時のエネルギー消費量と基礎代謝量の差である．一般にRMRが，1～2が軽労働，2～4が中労働，4～7が重労働，7以上が超重労働と分類する．人力による水稲作の農作業でのRMRは，くわでの人力耕起7.0，牛での耕起3.8，田植え3.6，稲刈り4.5，足踏脱穀機での脱穀5.7とすべて重労働であった．1960年代に入ると歩行用機械が普及した．これらを用いることにより動力耕うん機によるロータリ耕4.2，歩行式田植機による田植え4.1，バインダによる稲刈4.8，全自動脱穀機による脱穀2.5と中労働に軽減された．田植えの場合は，歩行用田植機でも作業姿勢が手植えと異なりRMRで表されない苦痛が軽減されている．この頃から，農作業での長時間に及ぶ重労働はあたりまえとの労働感が，農業機械を使用すれば改善されるとの考え方に変化してきた．1970年代からの乗用形機械が使用されるようになり，RMRは，トラクタによるロータリ耕0.6，コンバインによる稲刈り0.5などと軽労働以下となった[1]．

稲作の農作業が機械化されたのに対して，野菜作では現在もほとんどの作業が人力で行われている．野菜作では播種，作条，覆土などはRMR 4～5の重労働であるが，収穫・集荷等は2～4の中労働に属し，結束・洗浄は1～2の軽労働で負荷が低い[1]．労働負荷の軽さが，多様な栽培品種と栽培法の大きな地域間差に起因する機械仕様統一の困難さと並んで，機械化が進展しない原因であると考えられる．ミカンやチャのように傾斜地で栽培されるものは，勾配に比例してRMRが増加する．平地ではRMR 3の労働が，勾配5°で6の重労働，勾配10°で7の超重労働と上昇する[2]．しかし，作業そのものは中労働で，稲作に比べて土地生産性が高く経営面積が小さくて済むため，モノレール車両や農道整備による軽トラックの使用等の運搬の改善にとどまっており，作業負荷の軽減は遅れている．

b. 化学化・機械化と肉体的負担

長い年月，稲作は雑草との戦いであった．除草剤が使用されるまでは田植え後

1ヶ月間人力除草を行っていた．田打車とよばれる水田除草具での除草はRMR 6.4の重労働で，手による除草はRMR 2.7の中労働であったが四つんばいの姿勢で長時間かつ長期間強いられる労働は大変な苦痛であった．また，堆肥の散布も重労働であった[3]．農薬は卓越した効果を発揮しているが，人体や環境に被害を及ぼしたため，1970年代からは作業者と環境の保護が重要視されるようになってきた．低毒性，易分解性薬の開発と並行して，少量の薬剤を防除適期に目標場所に均一または集中的に到達させる精密防除や，薬剤の飛散を防止に関する研究が進んでいる．たとえば，樹園防除に使用されるスピードスプレーヤでは密閉性の高いキャビンを取り付けるなどして，作業者を被曝から守る方法を講じている．薬剤の被曝から作業者を守るための自動化・無人化の方向でも技術開発が行われている．

機械の使用に関しては，当初は機械に不慣れなことによる精神的疲労や騒音などが指摘されたこともあったが，近年は操作性およびキャビンの装備など快適性も乗用車並に改善されている．しかし，トラクタの転倒事故件数は残念ながら減少していない．

3.2 生産技術の発展

3.2.1 化学化の歴史
a. 肥料

化学肥料の使用は1980年のリービヒの無機栄養説に始まる．アンモニアの工業的量産はハーバー-ボッシュ法により1913年に成功し，現在でもこの方法が使われている．我が国では1888年過石（過リン酸石灰）が，1910年硫安（硫酸アンモニウム）が製造された．硫安は1920年頃から生産体制が整い，1927年頃から窒素成分でみた硫安の全使用量がダイズ粕のそれを抜いた．第二次大戦後（1945年）は，硫安，過石，塩加（塩化カリウム）を中心とする化学肥料が供給されるようになり，人糞尿を肥料として使用することは激減した．一方，動力耕うん機の普及により使役牛馬が激減し，1970年以降農地への堆肥の施用は急減する．このため，有機物の土壌還元が見直されるとともに，肥料成分の利用率向上のため，必要な場所に必要な量の肥料を散布する精密農業とよばれる新しい技術が注目されている．

b. 殺虫・殺菌剤

我が国では 1900 年にイモチ病防除にボルドー液が初めて使われ，1930 年にはボルドー液散布の効果が実証され普及の兆しが見えてきた．戦時下の 1940 年には労働力と物資不足から西日本でウンカが，1941 年には北日本でイモチ病が激発した．第二次世界大戦後の 1946 年，有機合成殺虫剤 DDT，続いて BHC が紹介され，ウンカ防除に威力を発揮した．さらに 1951 年以降，パラチオンがメイチュウ防除に卓越した効果を発揮した[4]．しかし，DDT，BHC は分解されにくく環境に蓄積され汚染が生じた．パラチオンは人畜毒性が非常に高いため，1960 年代以降は，低毒性，易分解性，選択性の殺虫剤が使用されるようになり，1968 年にはこれら有機水銀系の殺虫剤の使用は中止された．

薬剤は害虫，病原菌あるいは植物体に展着・被覆する必要がある．微粒化すると被覆性は良くなるが，付着性が低下し気流による拡散が増加する．1932 年，動力噴霧機が国産化され，薬剤散布技術は 1960 年頃に飛躍的な発展を見せた．パラチオンの普及は，それまで液剤を微細な霧にして葉の表裏に吹き付けていた散布方法を，粗大な液剤粒子のまま遠距離まで到達させることのできるようにノズルの構造を変えることになった．DDT は背負動力散粉機・ミスト機の発達を促した[5]．

c. 除草剤

第二次大戦後，2,4-D，遅れて MCP が紹介された．当時の水田雑草の多くは 2,4-D，MCP に対する抵抗性の弱いものであり，抵抗性の強いものはノビエだけであった．両剤は，1950 年に西日本で普及し，全国に広まった．ノビエに効果のある PCP は 1970 年代に広く普及した[4]．しかし，PCP は魚介類に毒性が大きく，殺虫剤と同様に低毒性の除草剤が開発されるようになった．環境保護の立場から，2002 年にはトラクタ装着用の往復スプリングツース式機械除草機が開発され，先進農家で普及しつつある．

3.2.2 機械化の歴史

a. 機械化の発展

明治政府は，殖産興業の一環として積極的に勧農政策を進めた．耕起作業の労力低減を目的に馬牛による畜力耕が奨励され，長床犂，無床犂に変わって，日本の土壌に適した短床犂が発明され普及した[6]．また，1930 年代からは，エンジン，モータが使われるようになり，耕起に次ぐ重労働であった脱穀の負荷軽減の

ため動力脱穀機，さらに，籾摺機が使われるようになった．この頃の水稲作の労働時間は 240 h/10 a である．第二次世界大戦後になると，軍需産業技術者が食糧増産の要求に対応するため農業機械研究に加わり，研究を活性化させた．1953 年に「農業機械化促進法」，また，1961 年に「農業基本法」が制定され「農業と他産業との生産性の格差が是正されるように農業の生産性を向上させる」ことが明記された．1960～70 年代にかけて歩行用トラクタ，動力防除機，乾燥機が普及し，先に述べたように労働負荷を中労働に軽減させるとともに，労働時間を 1960 年の 170 h/10 a から 1970 年には 120 h/10 a に短縮した．一方 1960 年代から始まった高度経済成長は雇用を創出し，農村の労働力不足と収入の増加をもたらした．1970 年代には，乗用のトラクタ，田植機および自脱コンバインが開発され，労働負荷が軽労働以下に軽減されるとともに，労働時間も 2000 年には 35 h/10 a にまで減少した[5]．

b．耕うん

耕うんは，(1) 固結した土を再度膨軟にして，種子の発芽，根域の拡大に適した環境をつくる，(2) 土壌構造を改善して，透水性，保水性を改善する，(3) 土壌間隙を改善して，通気性，保温性を良くする，(4) 雑草，株や肥料をすき込む，(5) 病原菌，害虫の卵や幼虫を空気にさらして死滅させる，(6) 雑草を殺す，等を目的に行われる．世界的にはプラウ（土を切削する刃先と円筒形のはっ土板を有し，トラクタでけん引して土を連続的に反転する農業機械）が主流であるが，我が国では水稲作を中心に，ロータリ耕うん機（図 3.1）が広く普及している．ロータリ耕は，土壌反転性はプラウ耕の 60 ％程度であるが，(1) 水稲作では水を張ることで畑雑草が抑えられる，(2) 移植（田植え）で雑草に打ち勝つことができる，(3) けん引作業であるプラウと異なり，ロータリ耕うん爪が車輪と同様にトラクタを前進させる働きをするため，軟弱な水田での耕うんに有利である，(4) 反転，砕土，均平の作業が一工程に行えるため効率がよい，(5) 土の移動がない，(6) 田面の凹凸が少なく，代かき時の均平作業が容易，等の利点がある．

我が国のトラクタは水田でのロータリ耕うんに適するよう，畑作用欧米のけん引主体のトラクタと比べて軽量で，動力取出（power-take off：PTO）軸の変速段が 4 段階に切り換えられる．かつ，水洗い可能なシェーバーのように，水がトラクタの各部に浸入することがないよう各部のシールが頑健である．圃場の作業効率を上げるためには，作業機の幅を広くし，作業速度を上げればよい．作業幅を広げることは機械が大形化するため，経営規模の小さな日本では作業の高速化

図 3.1　ロータリ耕うん機を装着したトラクタ　　　　図 3.2　田植機による田植え

が有利であり，高速ロータリ耕うん機が開発されている．

c．田植え

水稲作には，種子を散布する直播栽培と田植えを行う移植栽培がある．生産コスト削減のためには直播栽培が有利とされているが，田植えによる利点を考慮して，現在でもほとんどの地域で図 3.2 のような田植機による田植えが行なわれている．田植機も我が国独自のもので，本体の軽量化，植付け機構に各種の工夫がなされている．作業の高速化のため，従来のリンク機構に対して，不等速遊星歯車機構[注1)]を有するロータリ植付け機が開発され普及している．

d．収　穫

穀物の収穫にはコンバインが使用される．機械化が検討され始めた 1950 年当時，普通コンバインとよばれる欧米のコンバインの導入が試みられた．しかし，我が国で栽培されるジャポニカイネは，倒伏しやすく，脱粒難であり，かつ水田圃場は軟弱であるため，欧米のコンバインは使用できなかった．このため，倒伏したイネをピックアップチェーンで引き起こしながら刈り取り，茎の端部をフィードチェーンで挟持し，穂部のみをこぎ室に供給し，大きな衝撃を加えて脱穀する我が国独自の自脱コンバイン（図 3.11 参照）が開発された．

これに対して，東南アジアでは，脱粒が容易で，倒伏しにくいインディカイネが栽培されている．このイネに対しては，刈取部での損失が大きくなるため自脱コンバインは使用できない．そこで，インディカイネ用コンバイン（図 3.3）が 1990 年代半ばからタイを中心に開発され，普及している．このコンバインは普通コンバインと同じように，刈り取った作物はリールで倒しこみ，脱穀部に投げ込んで脱穀する．このように，乗用車や建設機械と異なり，農業機械は栽培する作物の特性に合わせて異なった様式の機械が発達する．

図 3.3　インディカイネ用コンバイン（タイ）

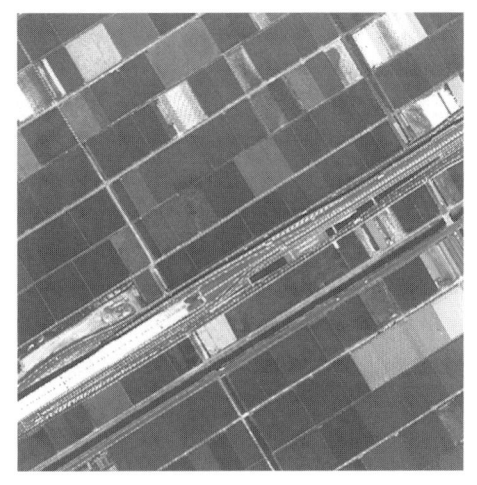

図 3.4　圃場整備された農地（京都府巨椋池）

e. 農業基盤整備と農業機械化

1964 年の土地改良法の改正により「農業基盤整備事業」が実施され，土地生産性（単位面積あたりの農業純生産）および労働生産性（農業労働時間あたりの農業純生産）の向上がはかられてきた．土地生産性は，灌漑排水施設の整備などの農業基盤整備とともに，品種改良，肥料・農薬の普及および水管理技術とあいまって向上してきた．

圃場整備により農業機械の作業効率は飛躍的に向上した．作業効率は長方形圃場がすぐれているが，排水の関係から水はけのよい地域では長方形に，水はけの悪い地域では正方形に近い区画が採用されている．また，農家の平均耕地所有面積は約 1 ha であるので，台風や病虫害からの危険分散の観点から，1 農家が 3 圃場程度持つことがよいとされ，1 区画の面積は約 0.3 ha となった[7]．図 3.4 は整然と圃場整備された圃場で，排水不良地域のため正方形に近い 0.3 ha となっている．

3.2.3　これまでの農業経営での発展の限界

a. 農業生産性

化学化，機械化，農業基盤整備等により土地生産性および労働生産性は向上した．しかし，我が国では耕地は資産とする考えが強く，これまで農地の流動化は進まず農家の経営規模の拡大は限られてきた．このため農業機械の進歩により削

減された労働時間は，農業以外の産業に向けざるを得なかった．結果として農業では生産技術の進歩を経営改善に結びつけることができなかった．このため，我が国農業の国際競争力が低下し，穀物自給率は 30 ％を切ることになった．農家は農業を維持するために，農外所得を農業機械購入につぎ込むことになった．平均 1 ha の経営面積では農業収入は限られており，若者の新規参入は少なく，現在，兼業農家の平均年齢は 70 歳に迫っている．

b. 環境問題

食料は生産国の土壌の栄養分で作られる．食料を輸入することは生産国の窒素や水を輸入することになる．我が国は輸入食料や飼料により，約 100 万 t/年の窒素を輸入している．コムギは 91 ％，ダイズは 94 ％，また，家畜用の濃厚飼料 (穀物など) は 72 ％，粗飼料 (干草など) は 22 ％を輸入に頼っている (1999 年)．環境保全とは物質が元に戻ることである．我が国では過去，自給肥料として使役牛馬の堆肥はもちろん人糞尿まで肥料として使用してきた．現在，食料・飼料として使用される窒素は約 160 万 t/年であるが，このうち有機肥料として再利用されるものは約 40 万 t のみで，約 120 万 t が処理されて河川に放流されている (第 5 章参照)．環境を守るためには食料自給率を向上し，輸入窒素を削減し有機物施用による窒素の再利用を進めなければならない．しかし，コムギとダイズは欧米の主要作物で，高品質・低価格のものが国際市場で流通しているため，自給率向上は品質・価格両面で問題を抱えている．さらに，有機肥料は窒素成分が低いため散布に労力がかかるとともに，土壌微生物により無機化されて初めて作物の栄養分となるため，肥効の時期が判定しにくく規格化が困難である．自給率の向上と有機農業の普及には，これらの課題の解決が必要である．

c. 機械化が困難な農作業

我が国は山国で耕地の 40 ％が中山間地に属している．山間部では過疎化が進行しており，これらの地域を対象に超小形のトラクタ，田植機および自脱コンバインが開発されているが，農業従事者の高齢化で機械導入が収益向上に結びついていない．

野菜作については，1990 年代に大手の機械メーカーが開発に力を入れたが，作業負荷が前述のように中労働であること，および地域ごとに栽培方式が異なるため，統一した機械を使用することが困難で導入が進まなかった．野菜作の機械化のためには，使用目的をたとえば作業姿勢の改善等に限定し，地域の特性に合わせた安価な機械の少量生産が必要である．

3.3 新しい生産技術

3.3.1 新しい生産技術の必要性

「我が国農業は転換期を迎えている.」といわれ続けて40年が経過した. 今こそ抜本的に農業経営の在り方を転換する時期に来ている.

農産物の生産費低減と農家の適切な所得の確保のための農作業技術の革新として, ロボットと精密農業が考えられる. 我が国では多数の農業労働者を一つの経営体で雇用することはなじまない. 一方, 我が国は世界で最もすぐれたロボット技術を有しており, この技術を活用することで比較的少ない雇用で経営改善をはかることが可能となる. 近年, 兼業農家の高齢化に伴い, 基幹農家が遊休農地を集約して経営規模を拡大する方向に少しづつではあるが進んでいる. これらの経営規模は25ha程度であるが, 我が国農業を維持するためにはさらなる経営規模の拡大が必要である. このためには, ロボットの活用と精密農業に代表される情報化による品質の向上と環境保全が必要である.

3.3.2 フィールドロボティクス

a. 農業ロボットの歴史

カーネギーメロン大学ロボット工学研究所の金出武雄は「20世紀はコンピュータの時代, 21世紀はロボットの時代である. コンピュータが情報処理中心であるのに対して, ロボットは, ボディ, センス, インテリジェント（情報処理）の三つの要素を有し, 実世界に働きかけることができるより高度な技術である.」と述べている.

1980年代初めにマイクロコンピュータが普及し始めた. これにより機械に知能を付加する可能性が生じ, ロボット研究が各方面で着手された. 農業ロボットの研究もほぼ同時期に開始された. 当初はマイクロコンピュータにより, 手の代わりをするロボットが実現できるとの期待があり, マニピュレータとハンドを有して, トマト, 夏ミカン, オレンジ等を収穫するロボットが, 我が国はじめフランス, アメリカなどで開発された. また, オーストラリアでは羊の毛刈りロボットが開発され注目された. スイカの持ち上げを第一に考えたロボット（図3.5）も開発されたが, 実用化には至っていない. 当時の技術では, 人間の手作業をロボットで置き換えることが費用対効果の面で実用化が困難であると判断され, マニピ

図3.5 スイカ収穫ロボット (Umeda, *et al.*, 1999)

ュレータ形生物生産ロボットの研究は1990年代初めには下火になった．

　これに代わって登場したのが，従来の農業機械の自律走行と精密農業用の機械の開発である．精密農業とは，土壌，生育量，収量等を小区画ごとにセンシングすることで最適の管理量を算出して，食料生産と環境保全の両立を図る農業である．精密農業の実現には，圃場での作業機の位置計測，生育量のリモートセンシング，可変作業機等が必要である．これらはこれまで研究されてきた自動化，ロボット化の技術の発展により可能なことと，ロボットに比べて実現性が高いことから研究が進んだ．一方，情報化技術の進歩によりマニピュレータ形ロボットについても実用化の可能性が高まり，我が国を中心に着実に研究が進められている．

b. フィールドロボティクス構想

　筆者らは，図3.6のようなイメージを描き，フィールドロボティクス構想と名付けた．このイメージが我が国農業再生の道の一つである．図3.7は作業者が操作する先行車両を，コンピュータ制御の無人車両が超音波にて距離と向きを計測して与えられた距離を維持しながら追走しているもので，群管理システムとよんでいる．このシステムを用いると安価な小形軽量の量産機を組み合わせて幅の広い作業が行えるため，大形機械による土壌の締め固め（土壌踏圧）が防止できる．このような構想では，全自動システムをイメージする人が多いが，人間にとっていやな作業は，重労働，単調で退屈な作業である．判断や工夫は苦にならない．むしろ楽しみである．フィールドロボティクス構想は，前者の人間にとって苦痛である作業をロボット化して，楽しみながら大規模経営を実現することを目的としている．このため，人間の能力の有効利用，また，軽労働化の観点からフィー

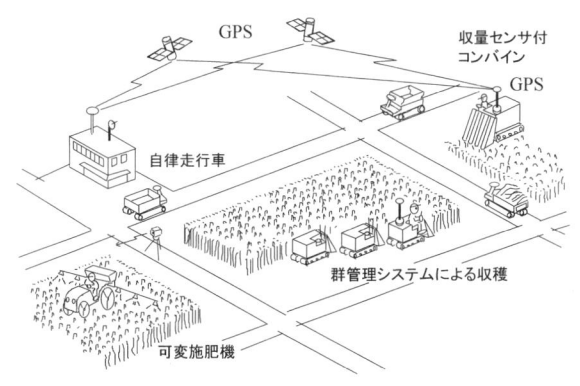

図 3.6　フィールドロボティクス構想

図 3.7　群管理システムによる収穫（飯田訓久他，1999）

ルドロボットの機能・仕様を検討している．

c. 精密農業

20世紀初頭にはアメリカの中西部のコーンベルトにおいても家族的な輪作経営が行われていた．1960年代に農業がビジネスとなり，経営規模の拡大と単作化が進行すると，化学肥料や農薬の多量施用に起因する硝酸態窒素などによる地下水の汚染，有機物施用の減少による土壌構造の悪化，土壌被覆期間の減少による表土の流出や土壌浸食という問題が発生し，農業による環境汚染が無視できなくなった[8]．このため，低投入持続形農業（low input sustainable agriculture：LISA）という考えが打ち出された．また環境汚染の元となる化学肥料や農薬を適切な位置に，最小限施用する局所圃場管理（site specific crop management：SSCM）とよばれる考え方が打ち出された[9]．SSCMとは小区画ごとに土壌条件や生育条件を調べて，場所ごとに適切な管理を実施する農法のことである．1985年

頃から可変施肥技術が試みられ，1992年には収量モニター付コンバインによる収量マップの作成が試みられた．1993年には全地球測位システム (global positioning system：GPS) が民間でも使用可能となり，コンバインや可変施肥機の位置計測精度が向上し，SSCMが一気に現実のものとなった．この農法が，今日プレシジョン・ファーミング (precision farming, 精密農法)，あるいはプレシジョン・アグリカルチャ (precision agriculture, 精密農業) とよばれるようになった．水稲に関する研究は，1996年からで畑作物に比べて遅れていたが，我が国はじめアジア各国で研究が急速に進展している．

　精密農業の施肥に関する基本的考え方は第2章で説明されている（2.2.6項c.を参照）．施肥量を算出するためには，作物が保有する地上部の窒素量をリモートセンシングにより推定しなければならない．植物の窒素量とクロロフィル含量とは強い相関があることが知られている．クロロフィルは赤色の光を吸収し，補色である青緑の光を反射する．人間の目で見える領域は，波長380 nmの紫色から波長780 nmの赤色で可視光とよばれる．紫色より波長の短い領域は紫外線とよばれ，エネルギーが高く日焼けの原因になる．赤色より波長の長い領域は近赤外線とよばれる．この領域で，赤色に近い800 nm付近は近赤外線，2000 nm近くは遠赤外線とよばれる．遠赤外線は熱線ともよばれる．近赤外線はクロロフィルに吸収されない．このため，人工衛星，航空機，ラジコンヘリ等に搭載したカメラで緑色または赤色と近赤外線の反射率を測定し，画像処理すると作物の窒素含有量が推定できる．代表的なものが赤色と近赤外線の反射率の差と和の比で，正規化植生指数（normal differential vegetation index：NDVI）とよばれ，NDVIからクロロフィル含有量が推定できるので，結果的にNDVIから窒素含有量が推定できる．

　図3.8は圃場の可給態窒素の分布である．土壌の化学成分，生育量および収量等の測定値は離散値であるので，これをジオスタティスティクスとよぶ統計手法（2.1.5項d.参照）を使って処理し地図化したものである．この圃場は中央部の可給態窒素が低い．この圃場で栽培した水稲の生育指数（SPAD値，茎数と草丈の積）の分布を図3.9に示す．生育指数分布は，可給態窒素分布を反映している．土壌と生育量のマップから必要な施肥量を算出し，GPS付の可変施肥機を用いて発酵鶏糞を施用した．ここでは中央部の窒素量を通常の2倍とした．図3.10は収量モニター付自脱コンバイン（図3.11）で収穫作業を行い，作成した収量マップである．可変施肥により収量のばらつきが減少している．

3.3 新しい生産技術　　　49

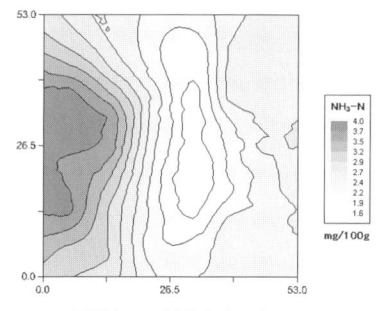

図 3.8　圃場内の可給態窒素分布（分析：京都府立大学土壌化学分野(米林甲陽教授)）

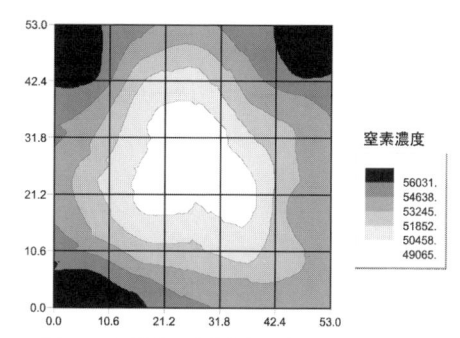

図 3.9　圃場内の生育指数分布（幼穂分化期）

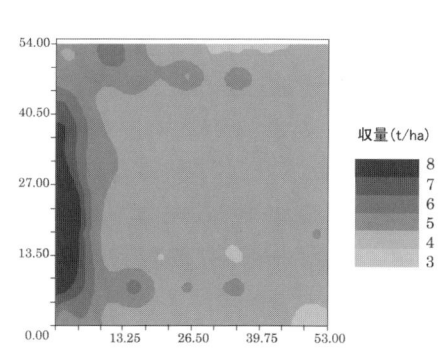

図 3.10　圃場内の収量分布
収量測定は収量モニタ付コンバインによる．

図 3.11　収量モニター付自脱コンバインによる収穫

　精密農業の実現には，圃場での作業機の位置計測，生育量のリモートセンシング，可変作業機，収量モニター付収穫機等が必要であるが，これらはこれまで研究されてきた自動化，ロボット化の技術の発展により可能であり，ロボットと精密農業用機器を同時に研究している研究者・研究機関は多い．

さらに学習を進めるために

　本章では，我が国農業の変遷を概観し，発展過程と問題点を明らかにした．環境保全には循環型社会の構築が必要であり，我が国農業の再生が必要であることを述べた．

さらに学習するために，農業機械の開発の経緯については，『関西支部から見た農業機械技術の発達』(農機学会関西支部，2001)を，農業ロボットについては『生物生産のための制御工学』(岡本嗣男編，朝倉書店，2003)を読んでいただきたい．

精密農業については現在研究発展過程であり，単行本が発行されていない．このため，「精密農業とは何か」(梅田幹雄：『機械化農業』，2001年1月号，p 43-48；2001年2月号，p 25-30；2001年3月号，p 25-29)，「農作業のIT化」(梅田幹雄：『農業と経済』，67巻4号，2001年3月号，p 37-45)，「精密農業 21世紀の農業はどうあるべきか」(梅田幹雄：『化学と生物』，40巻7号，2002年7月号，p 480-486)，あるいは「循環型社会構築のための機能コンポストの研究」(梅田幹雄：『「水土の知」を語る』，Vol. 4，p 151-175，JIID BOOKS，日本農業土木総合研究所，2003)を参照していただきたい．

我が国は，温帯に属しかつ良質の水に恵まれ，農業に適している．自動車産業をはじめとする工業製品の生産技術の進歩を横目で見ているだけでなく，農作業においても技術革新を図り，従来の意味での「我が国農業は転換期を迎えている．」との枕詞に終止符を打ち，農業再生が図られているとの意味で「我が国農業は転換期を迎えている．」と言われるようになりたいものである． 〔梅田幹雄〕

註1：遊星歯車とは，太陽歯車の回りを公転しながら自転する遊星歯車を持つ機構をいう．歯車は通常円形で一定回転するが，植付け機の歯車は綿密な計算により設計された非円形で，非円形歯車に取り付けた植付け爪が，不等速回転し人間の手と同じ植付け動作をする．

引 用 文 献

1) 三浦豊彦，他：新労働衛生ハンドブック，pp.1339-1343，労働科学研究所出版部，1977．
2) 日本農作業学会編：農作業学，農林統計協会，1999．
3) 沼尻幸吉：労働の強さと適正作業量 (労働科学叢書 7，5版)，p.32，労働科学研究所出版部，1966．
4) 農林水産省農林水産技術会議事務局：昭和農業技術発達史 2 水田作編，p.196，p.221，農文協，1993．
5) 大日本農会：戦後の水田農業における機械化の展開 (農業 臨時増刊号)，p.62，大日本農会，1994．
6) 飯沼次郎他：農具，pp.185-200，法政大学出版局，1976．
7) 中川昭一郎：21世紀の農業技術の視点—水田圃場整備技術のたどった道 (大日本農会叢書 2)，pp.81-112，大日本農会，2000．

8) 久馬一剛：食料生産と環境，化学同人，1997．
9) Goering, C. E. : *How much and where, Agricultural Engineering (July)*, pp. 13-15, 1992．

4. 政治・経済と農業経営の行動

　農業経営は，労働力や農地，資本，技術，経営者能力などさまざまな経営要素の結合によって成り立つ客観的な経営構造と，経営者自身の経営哲学や経営理念などの価値感に基づいて，変化する外部環境に適応し，経営を存続するために，相対的に自律した意志決定を行う．しかし，農業経営の行動は，同時に，農産物を販売したり経営要素を調達する市場の動向と，その背後にある消費動向や農業政策，一般経済の動向など，外部環境の影響を大きく受ける．その結果として，農業の生産性や食料自給率などの農業・食料にかかわる社会的な状態の変化がもたらされる．

　本章では，まず，農業の生産性や食料自給率の大きな変化をとらえることから入り，その変化の原因として農業経営にとっての外部環境である政治経済条件の変化について論じる．そしてさらに，農業経営の行動原理と外部環境との関係を論じるという順序で，説明を進めることにする．

　日本は先進諸国のなかでも極度に食料自給率が低い．その原因については，食料・農業・農村基本法（1999年）が制定されたときに，食料自給率の向上を政策課題として取り上げるべきかどうかに関連して論じられた．政策課題にはならないという立場からは，自給率という指標は，国民の嗜好そのものである食生活の変化によって大きく変わる不確定なものであり，日本の食料自給率低下の背景には国民の嗜好の変化があるため，押しとどめるべくもないこと．また，日本は耕地率が低く国土の自然的条件が農業に不向きで供給力を向上できる基盤条件がないこと．いってみれば，日本の食料自給率の低下は宿命的なものであり，政策的には措置しようのないものだというに等しい強い論調があった．それにもかかわらず，基本法に食料自給率の向上が政策目標として取り入れられたのは，将来に不安をいだく強い国民の声に押されてであった．

　しかし，長期にわたって食料自給率が低下してきたが，1985年以降の低下は国民の嗜好や自然条件の不利性ではなく，むしろそれまでに形成された国内生産基盤が徐々に崩壊しはじめたことに原因を求めるべきであり，その背景には国際的

4.1 1985年以降の自給率低下のはらむ問題
―国内生産の後退―

　食料自給率は，総供給量のうち国内生産によって供給される比率として示され，算式の分母が総供給量（＝総消費量），分子が国内生産量からなる．したがって，国内生産の状態は変わらないのに，消費の構造が変わっただけで，数値が変化するのは確かである．

　また，数値を重量，金額，熱量のいずれで算出するかで結果が大きく異なる．また，畜産のように，牧草や穀物を家畜の飼料として育て，それをいったん家畜に給与し，その家畜や家畜の産するものを人間が食物にするという迂回生産の場合には，家畜飼養の段階でとらえるのか，飼料の段階までさかのぼってとらえるのかで異なる．

　現在，日本で総合自給率の指標として用いられている「供給熱量自給率」は，すべての農産物を熱量に換算して，その国内供給比率を示す方式である．どの方式にも長短があるが，この方式の欠点は，ビタミンなどの栄養摂取上不可欠であるが熱量をほとんど持たない野菜や海藻などの食品の自給状態が反映されないこと，畜産物については，飼料の供給段階にさかのぼって熱量が算定されるので，日本のように飼料の輸入が多い国では，家畜本体の国内生産がほとんど評価されないことである．

　第2次大戦によって疲弊した農業基盤が回復した後の1960年を起点として現在までの時期を4区分し，食料自給率の変化をみたものが表4.1である．1960年から73年までの高度経済成長期，73年から85年までの経済低成長期に対し，85年から97年までを国際化期，97年から現在までの国際化対応期として区分した．食料自給率の大幅な低下は，経済高度成長期と国際化期に生じている．前者は79％から55％へと24％もの低下をみており，後者では52％から41％へ11％低下した．しかし，この両時期の低下は同じ原因によるものではない．それについて以下，みていくことにしよう．

　確かに，当初の60年から73年期は，日本が高度経済成長を遂げた時期にあたり，食料消費量が増えるとともに食生活が洋風化し，食料消費動向は大きく変化

表 4.1　総合自給率の低下と供給総熱量・国内供給量の増減（農林水産省，2004）

年	総合自給率(%)	増減幅①	供給総熱量*(kcal)	増減幅②	②/①	国内供給熱量*(kcal)	増減幅③	③/①
1960	79		2291			1810		
		−24		+278.4	−11.6		−396.6	+16.5
1973	55		2569			1413		
		−3		+23.0	−7.7		−65.1	+21.7
1985	52		2592			1348		
		−11		+59.2	−5.4		−260.8	+23.7
1997	41		2651			1087		
		−1		−63.1	+63.1		−51.8	+51.8
2003	40		2588			1035		

＊：国民1人，1日あたり．

した．それまで日本には生産基盤のなかった畜産物や油脂，小麦などの消費が増えている．このことは，表 4.2，4.3（p.55，56）の供給総熱量やその品目構成の大幅な変化から読みとることができる．他方，この時期の生産動向は，1963年に農業基本法が定められ，果樹や園芸作物，畜産など需要の伸びが見込まれ高収益な品目を選択的に拡大する政策がとられた．表 4.2から畜産物の国内生産量が大きく伸びていることがわかる．ただし，小麦や飼料用穀物ははじめから生産を拡大する政策はとられなかった．その背景には，第2次大戦後のMSA協定に基づくアメリカからの小麦，脱脂粉乳などの食料援助の受け入れがあり，事実上国内生産が放棄された．食料援助は，アメリカの余剰穀物の処理という経済要因がMSA（日米安全保障条約）の締結という政治要因とわかちがたく結びつけられたものである．しかしいずれにしても，この時期は，食料消費構造の変化の方が大きく，国内生産も大きく増大したもののそれをカバーできなかった，その結果の自給率の大幅な低下であったといえる．

しかし，73〜85年（経済低成長期）にはこのような変化は落ちつき，自給率の低下幅も3％にとどまっている．したがって，その後に52％からさらに41％へと低下した1985年以降の大きな自給率低下局面を，当初期と同様に食生活の変化のためとみることはできない．むしろ85年以降は，表にみられるように，摂取品目構成の変化は小さくなり，それが自給率低下へ与える影響はそれ以前より小さくなっている．この時期の大きな変化は生産動向の方にある．表 4.2のように，国内生産量の増加率が低下し，また減少に転じた品目が増えている．したがって，85年以降に自給率の低下幅が再び大きくなった原因は，もっぱら国内生産の縮小にあったとみられる．

4.1 1985年以降の自給率低下のはらむ問題

表 4.2 食料類別にみた供給熱量に占める比率の変化と国内生産量の変化（年平均の期間平均）（農林水産省，2004 より作成）

		コメ	小麦	いも類	でんぷん	豆類	肉
供給熱量比率％(1960)		48.26	10.94	3.56	2.61	4.56	1.20
供給熱量比率％(2003)		23.26	12.68	1.85	6.47	4.22	6.42
（同上増減）		−25.00	+1.74	−1.71	+3.86	−0.34	+5.22
供給熱量比率の変化	1960〜1973	−13.80	+1.17	−2.03	+0.24	−0.16	+2.86
	1973〜1985	−6.44	+0.21	+0.24	+2.33	−0.41	+1.11
	1985〜1997	−3.47	+0.02	+0.17	+0.83	+0.01	+1.08
	1997〜2003	−1.28	+0.34	−0.09	+0.46	+0.21	+0.18
国内生産量の増減率	1960〜1973	−0.20	−9.74	−4.85	+2.97	−4.37	+10.53
	1973〜1985	+0.21	+11.10	−0.24	+5.51	−0.43	+5.83
	1985〜1997	−0.01	−1.03	−0.81	+2.63	−2.52	−0.59
	1997〜2003	−3.80	−2.45	−1.56	+2.55	−1.75	−1.02

		鶏卵	飲用乳	乳製品	魚介	砂糖	油脂
供給熱量比率％(1960)		1.17	0.83	0.74	3.79	6.86	4.58
供給熱量比率％(2003)		2.67	2.61	3.68	5.20	8.11	10.72
（同上増減）		+1.49	+1.78	+2.94	+1.41	+1.24	+6.14
供給熱量比率の変化	1960〜1973	+1.26	+0.93	+0.87	+0.61	+4.62	+5.47
	1973〜1985	−0.12	+0.64	+0.76	+0.84	−2.58	+3.58
	1985〜1997	+0.37	+0.27	+1.13	−0.02	−0.69	+0.62
	1997〜2003	−0.02	−0.07	+0.19	−0.02	−0.10	−3.53
国内生産量の増減率	1960〜1973	+7.99	+21.09	+7.21	+4.43	—	+6.48
	1973〜1985	+1.37	+3.27	+3.61	+1.34	—	+4.73
	1985〜1997	+1.43	+1.34	+1.81	−4.29	—	−0.35
	1997〜2003	+1.27	+1.23	+1.17	−4.69	—	−0.51

そこにはいくつかの背景がある．1980年代半ばという時期は，次の節でみる畜産の国内の生産性も上昇から低下ないし停滞の大きな転換点となっている．そこには1985年のプラザ合意の影響をみないわけにはいかない．プラザ合意により円高基調に入り，飼料や加工原料農産物はますます輸入する方が安価に入手できるようになり，それが食品や生鮮農産物にも及ぶようになった．安価な国際価格が国内市場の標準となる状態になり，農業経営はきわめて厳しい状態におかれた．それに加えて，ヨーロッパ諸国やアメリカなどはダンピング輸出といわれるように輸出補助金を出して，国内で販売するよりも安く輸出できるようにしている．あわせて，この時期には国際貿易のルールを定める国際機構(GATT；現 WTO)のもとで，農産物の輸入障壁を削減するために，輸入割当制度をやめ，関税を削

表 4.3 食料類別にみた自給率の変化（農林水産省，2004 より作成）

年	コメ 自給率(%)	自給率の変化	小麦 自給率(%)	自給率の変化	いも類 自給率(%)	自給率の変化	でんぷん 自給率(%)	自給率の変化	豆類 自給率(%)	自給率の変化	肉 自給率(%)	自給率の変化
1960	102		39		100		76		44		93	
		−0.07		−2.50		0.00		−3.29		−2.36		−0.93
1973	101		4		100		30		11		80	
		+0.46		+0.77		−0.31		−0.85		−0.23		+0.08
1985	107		14		96		19		8		81	
		−0.62		−0.38		−0.69		−0.62		−0.23		−1.92
1997	99		9		87		11		5		56	
		−0.57		+0.71		−0.57		−0.14		+0.14		−0.29
2003	95		14		83		10		6		54	

年	鶏卵 自給率(%)	自給率の変化	牛乳・乳製品 自給率(%)	自給率の変化	魚介 自給率(%)	自給率の変化	砂糖 自給率(%)	自給率の変化	油脂 自給率(%)	自給率の変化	総合自給率(%)	総合自給率の変化
1960	101		89		110		18		42		79	
		−0.21		−0.43		−0.50		+0.14		−1.50		−1.71
1973	98		83		103		20		21		55	
		−0.08		+0.15		−0.54		+1.00		+0.85		−0.23
1985	97		85		96		33		32		52	
		−0.08		−1.08		−1.77		−0.31		−1.38		−0.85
1997	96		71		73		29		14		41	
		0.00		−0.29		−1.86		+0.86		−0.14		−0.14
2003	96		69		60		35		13		40	

減すること，価格支持政策のような生産促進的政策（生産量を増やすほど所得が増大するので生産刺激的）をやめることなどが取り決められてきた．欧米はそのなかで価格支持から，直接所得保障（一定額の所得保障であり，生産を刺激することにつながらない）へ手法を切り替えたが，それによって農家所得の半分をカバーするような手厚い補償を続けている．他方，日本はそのような切り替えをせず，価格支持を廃止しただけであった．また，WTO の場では輸入障壁の削減度合いがチェックされるが，自給率がその指標に入っていないことにも問題がある．日本の自給率の低さからすれば市場開放度はこのうえなく高い．先進国の大半が 100％を超える高自給率，農産物の余剰をかかえる国であり，同列において議論されることにそもそも問題があるといえる．また，日本のおもな輸入相手国であるアメリカとの間では，長い間，アメリカからの農産物の輸入によって工業製品の貿易黒字をバランスするという考えかたをとってきたことも見逃せない．これらの政策の違いの背景には，国の自立の基盤の一つとして，国民の食料の基本的な部分を自国で確保する食料主権の考えかたに大きな違いがある．

以上のように，日本の食料自給率の低さは，初期には確かに食生活の大きな変

化とそれをカバーし得るだけの国内生産基盤が確保できなかったことが要因となっている．しかし，問題はいったん下げ止まった自給率が85年以降にいっそう低下したことであり，それは，大戦後の食生活の変化に対応して形成された国内生産基盤すら崩れてきていることを示す．そしてこのままではその傾向はますます進むものと考えられる．飼料自給率は低いとはいえ3割台を維持しているのに，かつて9割以上あった畜産物の家畜飼育段階での自給率が軒並み6割，7割台に低下したこと(つまり飼料の輸入が増えているためではない)，日本型食生活の重要な要素を占め，かつて100％以上の自給率を保っていた魚介類までもがこの期に低下に転じて6割台になったのは，その象徴的なできごとだといえる．国民世論の自給率低下への強い危惧はこのような状態をとらえてのことであり，冒頭にふれた宿命論めいた論議で片づけられるようなものではないであろう．難易は別であるが，大いに政策対応の範囲内の問題である．自給率算式のつじつまを合わせて数値を引き上げるようなことではなく，国内生産の総じての後退状況をくい止めて，少しでも増加に転じる方向に転換する施策が求められているのである．

4.2　畜産の経営環境と経営の存続状態

　食料自給率について議論された際に，畜産はきわめて微妙な位置におかれた．まず，自給率を低めた主因の一つが畜産物消費の増大とみなされた．また，日本の畜産は飼料の海外依存度が高いため，飼料ベースで熱量自給率を産出すると，いくら畜産が発展しても自給率には寄与しないため，極端にいえば不要だとみなしかねない論調さえ一部にあった．しかし，飼料の自給度はきわめて低いとはいえ3割前後を維持しており，残念なことに1割前後あるいは数％しかない小麦や大豆などより，自給率ははるかに高いといわざるを得ない．今，その小麦や大豆の自給率をわずかでも引き上げようとする取り組みが始まったのであるから，大局的で冷静に議論することが望まれる．そして，山間地域では，有望な産業立地が望めず，農業さえ経済性より多面的機能を果たすことに存続根拠を見いだそうとされている状態のもとで，畜産はたとえ飼料を輸入に依存しているとはいえ，数少ない成長産業であり，地域の労働需要力をつくりだしている．さらに，畜産物の処理，加工，流通にかかわる関連産業全体の労働需要力の大きさは，地方域では有力産業の部類に入る．

　そのように自給率への寄与が低い日本の畜産ではあるが，国内生産の後退の影

響は無視できない．また，加工型畜産（飼料を生産せず家畜飼養のみ行う）という制約はあれ，土地に制約されない分，国内農業のなかでも最も大規模化を進めてきたが，そのような生産部門の縮小は，今後，土地に制約されながら大規模化を進めていかざるを得ないコメなどの耕種部門の将来を暗示しているといえる．

畜産物自給率は1985年を境に大きく変化しており，それはこの年を境とする国内生産量の急激な低下にあることは，図4.1をみれば一目瞭然である．図にみるように，畜産物の国内生産量の低下は戦後初めての現象である．飼料自給率は30％前後でほとんど変化していないので，耕地条件などの制約によるものではない．技術集約的，資本集約的な「加工型畜産」の後退であり，畜産が非常に危機的な状況にあるとみるべきである．

ただし，自給率の動向とその背景にある構造は，品目によってかなり異なる．鶏肉・豚肉と牛乳（飲用乳）・鶏卵が対極にある．前者は，国内生産量の減少と自給率の低下が顕著であり，後者は消費の伸びをカバーしつつ国内生産を伸ばし自給率も維持している．

この違いの背景となるのが，品目によって異なる製品市場のあり方，国境措置などであり，それらは生産を担う経営にとっては経営環境となるものである．つまり経営環境に差があることによって，経営の動向に差が生まれ，それが自給率の動向の差となって現れていることを典型的に示している．

豚肉と鶏肉は早期に輸入自由化されたが，生産性の向上により1980年代半ばまでは高い競争力を保持していた．もっとも，この過程で激しい経営の淘汰を経て大規模な経営だけが生き残り，それが国内自給を支えてきた．会社組織の飼養頭

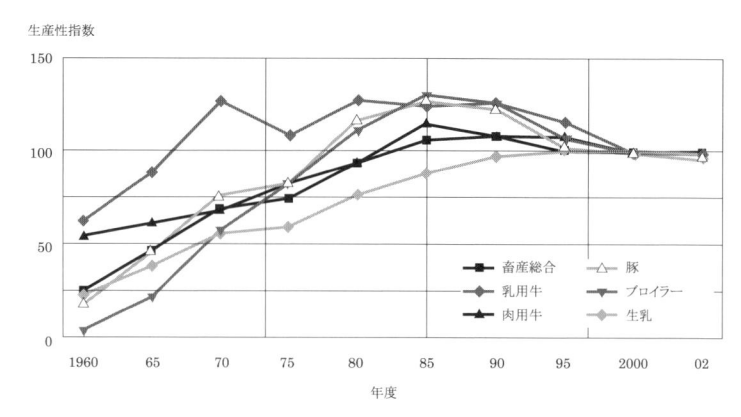

図 4.1 畜産生産指数の推移（2000年を100とする）

数シェアが6割から4割に達するほどである．そのようななかでの80年代半ばからの生産物市場の相場（アジアなどからの安い畜産物の流入による市場相場の著しい低落）と経営要素市場の状態（労働力を確保するに必要な他産業均衡所得水準の上昇），つまり競争環境の大きな変化は，過去に淘汰を経て残った大規模経営をも存続を困難にしているのである．

他方，自給率を維持している飲用乳は，生乳に国境措置が残っており，加工乳には不足払いという市場に対する調整メカニズムが維持されている．鶏卵は輸入自由化されているが，液状卵を除き，輸送適正がないことが実質上の貿易の壁になっている．国境措置が生産性向上を疎外しているかといえばそうでないことは明らかである．つまり，飲用乳，鶏卵ともに，小売価格はきわめて低廉であり，それに不満を持つ消費者はいない．このようななかで，採卵鶏では，比較的，都市の後背地にも，家族経営を含む大型の経営が存続している．酪農では，飼養規模で60頭から100頭以下の家族労働力による経営が分厚い層をなして存続できているのである．

新しい農業政策において，将来の国内生産構造の絵として描かれているのは，国境措置を廃止し，自由競争に舞台を移し，その中で経営が淘汰され，大規模経営が生き残り，それがシェアを拡大していく，というものである．しかし，まさしくそれを先取りして進んだ豚，ブロイラーの部門の大規模経営は存続が困難になっており，この絵には落とし穴があると考えざるを得ない．他方の酪農の家族経営の存続は，国境措置や不足払いがあってのことであろうと考える．この両極の状態からみて，国境措置の全面的な廃止，完全なる市場原理への依拠，経営の淘汰へと想定されたプロセスは，果たして大規模経営によって日本農業の将来を安定したものにできるかどうか，疑問を持たざるをえないのである．

4.3　農業経営の存続メカニズムと存続可能領域の狭まり
—政策・制度の役割—

経営は生き物のようなものであって，経済的な存続条件があり，生きていける領域（存続可能領域）というものがある．1985年以降の国内生産量の減少は，経営環境の変化のなかで，経営の存続可能領域が著しく狭くなってきたためと考えられる．かつては，廃業する中小零細規模の経営の飼養頭数減少分が大規模経営の成長によってカバーされてきたが，存続の困難さが規模の大きな経営にまで及んできたため，カバーしきれなくなって国内総生産量が減少に転じたのである．

自給率の低下はその結果としてもたらされたものである．

経営の存続領域は，経営規模の動きに端的に現れる．最適な経営規模は，一般に，「規模の経済性」に基づいて考えることができる．規模の拡大によって，より高い効率を持つ技術（装置，機械，生産方法，管理方式など）の利用が可能になり，生産物一単位あたり費用が逓減（右下がりの曲線を描く減少）するとき，「規模の経済性」があるという．このとき，費用が最小になる規模まで生産規模が拡大されると考えられ，それを「最小最適規模」とよぶ．

しかし，現実の畜産の経営規模の動きは，この考え方だけでは説明できない．「規模の経済性」と「最小最適規模」は上記のように費用からみた適正規模概念であるが，現実には，収益からみた適正規模によって経営の動きが規定されているとみられる．それは，経営の存続に必要な「必要経営収益水準」を満たす最小規模＝「必要最小規模」というものの存在である．それは次のように説明できる．

今，経営要素のなかでは労働力を確保することが最も難しい．以前には農地が希少要素であったが，今では労働力の不足から借り手を求める農地があふれている状態である．特に重要なのは農業への若い新規就業者の確保である．この希少要素である労働力を畜産経営に確保する条件（機会収益という）について考えると，労働所得競争力において，他産業と同一かそれを上回ることが必要となる．これを，規模について考えてみる．規模の拡大によって，より高い効率を持つ技術（同上）の利用が可能になり，1人あたり労働報酬が逓増するとき，先の費用の視点とは区別して「規模の利益」があると表現することができる．このときに，

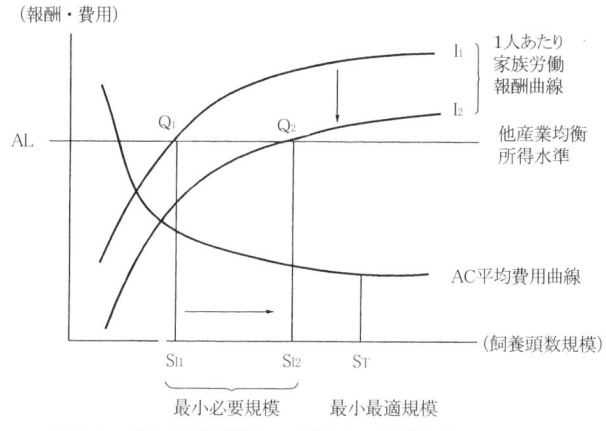

図4.2 「最小最適規模」と「最小必要規模」（新山，2000）

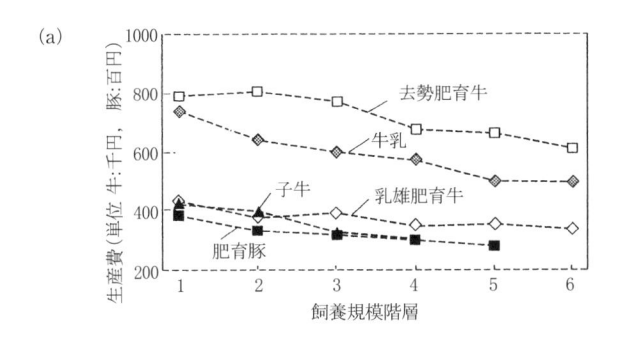

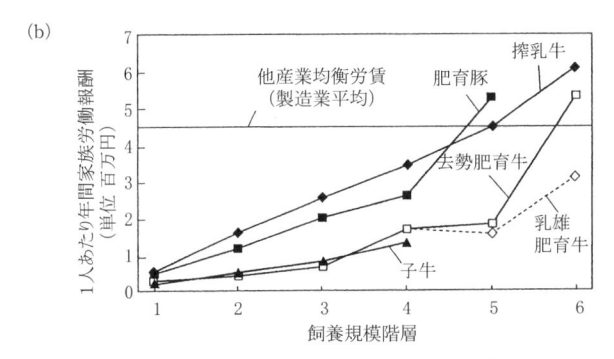

図 4.3 畜産物の飼養規模別生産費 (a) と，畜産の飼養規模別年間1人あたり家族労働報酬 (b)（新山，2000）

原資料は農林水産省「畜産生産費調査平成8年」を使用．

生産費は，生産費総額から副製物価学を差し引いたもの．飼養頭数規模階層とは以下のような規模をさす．
- 肥育豚： 1（1〜100頭），2（100〜300），3（300〜500），4（500〜1000），5（1000〜）．
- 乳牛： 1（1〜10），2（10〜20），3（20〜30），4（30〜50），5（50〜80），6（80〜）．
- 子牛： 1（2〜5），2（5〜10），3（10〜20），4（20〜）．
- 去勢および乳雄肥育牛： 1（1〜10），2（5〜10），3（20〜30），4（30〜50），5（50〜100），6（100〜）．

労働力を継続して確保できるのは，他産業均衡所得水準と同一かそれを上回る労働報酬水準の規模以上においてであり，この規模を「最小必要規模」とよぶことができる（図4.2）．この規模を超えなければ，経営の存続に必要な必要収益水準が確保できないと考えられる．

図4.3には，国が公表する「生産費調査」の規模の範囲で，畜産の経済性の現状を示している．「最小必要規模」（一人あたり労働報酬が他産業均衡所得水準と同一かそれを上回るポイント）は，どの畜種でもかなり大きな規模になっており，家族労働力に基づく経営では実現しない．そのなかで酪農のみが，家族労働力で

飼養可能な規模範囲にある．他方，費用が最も小さくなる「最小最適規模」は，酪農では最大規模層よりさらに大きいところにありそうである．それ以外の部門では規模に対して費用が右下がりの傾向にはあるものの酪農ほど明確ではない．酪農のみが「必要最小規模」と「最小最適規模」との間にかなりの幅を持つ．このことが，酪農においては家族労働力によって営まれる経営の層が厚く存在している背景であると考えられる．

ではこのような適正規模はどのように変化するのであろうか．「規模の経済性」にかかわる費用曲線については，生産要素の価格水準が変化すると上下にシフトするものの，技術の状態が変わらない限りその形状は変わらない．したがって「最小最適規模」は不変である．ところが，「規模の利益」にかかわる労働報酬曲線については，技術の状態が変わらない限りその形状が変化しないことは同じであるが，畜産物の価格水準や生産要素の価格水準が変化すると上下にシフトし，その結果，他産業均衡所得水準と交わる位置が変化する．すなわち，経営存続に必要な「最小必要規模」は，畜産物や生産要素の市場条件，また，他産業均衡所得水準が変わると大きく変化するのである（図4.2）．

1985年以降これまでに酪農を除く畜産部門がたどった道は，まさに市場条件のすべて，すなわち畜産物価格水準（低下），生産要素価格水準（上昇），他産業均衡所得水準（上昇）の三つが，「最小必要規模」を大きく右（上層）へシフトさせる方向に動いたことに起因する．その結果，「最小必要規模」と技術の状態によって決まる「最小最適規模」との幅が狭くなり，最も効率的な技術を採用することのできる大型経営—それは雇用労働力を導入するような規模である—しか存続できない状態になったのである．酪農も不足払い制度が廃止されれば，否応なくこの道を同じ方向にたどることにならざるを得ないと考えられる．

そこで，この図4.2からいえることは，「必要最小規模」と「最小最適規模」との間にかなりの幅を確保できるような条件をつくらないと，農業経営が層厚く存続できる状態にはならないということである．

「必要最小規模」を規定する市場条件は，農業経営自身が動かすことのできない外部環境条件である．特に他産業均衡所得水準は社会的に決まるものである．生産要素価格のうち土地用役価格はやはり社会的に決まり，生産資材価格は資材産業の企業ベースの供給価格によって決まる．寡占型の産業とは異なり，個々の経営が生産量を調整するなどして市場に働きかけて価格を動かすこともできない．他方，「最小最適規模」を規定する経営の技術水準および経営効率は，経営の

努力によって高められる範囲には限度があり，機械・施設や動植物の生育など社会的な技術水準あるいは生理的な状態を越えるものを獲得することはできない．

したがって，社会的な政策・制度のレベルでそのどこかに手を加えてバランスをとり，「必要最小規模」と「最小最適規模」との関係が確保されなければならない．手を加えることができるのは，直接的に行うにせよ間接的に行うにせよ農産物市場条件の修正以外にないのではないだろうか．現在，最後に残されていた不足払いも廃止される方向に進んでいるようであるが，農産物の市場条件を政策的に修正するという手段は放棄されてはならないのではないかということが結論である．市場への直接介入を避けるなら，直接所得保障などの市場とは切り離した措置を本格的に導入しなければならないのではないか．

大規模経営を育成する政策をとり，それを本当に機能させようとするのであれば，経営の存続可能領域というものをしっかり見据えなければならず，存続領域を確保する対策がとられなければならない．

4.4 農業経営の自律的な展開の方向

では，これまでに説明した厳しい経営環境のなかで存続している経営はどのような行動をとっているか．それは環境に対応し存続可能性を探索する自律的な経営行動である．そこには基本的な傾向がある．まず，第1段階として，農業生産を特定の部門に専門化し，生産規模の拡大を進めている．ついで，それが行き着くところまで行ったところで，第2段階に入り，農業生産部門の前後の段階への垂直的な多角化が進展する．この段階で，農家から農家以外の企業形態への転換がみられ，会社組織になり，雇用労働力も増える．さらに，第3段階として，多角化した事業部門が分社化され，小さいながら企業グループが形成されている．このような経営発展プロセスが見いだせる．

この経営発展のプロセスの第1段階で行われているのは「規模の利益」の追及である．しかし，同一生産部門の生産規模の拡大がある程度の段階に達すると，「規模の不経済」が生まれる．その段階でさらに経営発展を進めようとしたときに，模索されるのが事業の多角的展開であり，その契機や有利性は「範囲の経済」や「シナジー効果」で説明される．

経済学では，「範囲の経済」とは，二つの製品を別々に生産するよりも一緒に生産する方が費用が低くなるような現象として説明される．これは，一般経営学で

説明されてきた「シナジー効果」（複合効果）と同じ概念だと考えることができる．おもなシナジーとして次のものが指摘されてきた．①生産のシナジー（新製品が既存製品と共通した生産圏にある場合に，設備利用度の向上，生産技術・管理のベースが共通することによって，新製品生産および製品開発の効率化などが生まれる），②販売のシナジー（新しい製品分野がその企業の既成の市場圏と共通している場合に，共通のマーケティングシステムの利用による費用節約が生まれる），③経営管理のシナジー（意志決定の基準が同じ製品分野への進出する場合に，共通の意志決定システム利用による費用節約・効率化が生まれる）（詳しくは，占部都美『企業形態論』白桃書房等を参照のこと）．

また，経営の成長を，「規模拡大」→「専門化の不利益」→「専門化によって高められた能力の余剰の利用」→「多角化による成長」，という経路でとらえたのが，ペンローズやバーナードである．そこにおいて，規模の成長の制約理由としてあげられているのが，①管理の不経済（経営者能力，専門化した経営組織における管理費の増大），②市場の不完全性，③危険と不確実性の増大である．

日本の農業では「規模の不経済」があらわれる生産規模はかなり低いところにあると考えられる．まず，土地所有の分散性や複雑で傾斜の大きい耕地条件のため，農場の拡張が困難になる．水田は一筆ごとに所有関係が交錯していて，まとまった圃場を確保することが難しいが，それでも 15 ha 程度がひとつの「農場」として管理する限界といわれる．畜産部門の場合は，肉牛肥育を例にとれば 1000〜1500 頭くらいの規模を超えると，地続きで畜舎用地を拡張することが困難になる．いずれも 2〜3 ヶ所の分場がつくられるが，分場の数もそれを超えると管理のコストがかさむようになる．また，大量の生産物を販売しなければならないので販路が不安定になること，市況変動の影響が経営収益にもたらす影響が大きくなる（リスクの拡大）ことなどがある．

事業分野の拡大は，農業生産の他部門に向かって水平的に展開されるより，当該部門の生産物の処理，加工，販売や，飼料や機器類の製造など，川下・川上方向へ垂直的な展開をはかるケースが多い．

垂直展開では，生産と販売のシナジー効果は小さいが，製品に関する情報のベースが共通すること，一貫生産による技術的合理化，製品の運搬・在庫費用の節約，原料の量・質および製品の需要と価格の安定的確保による大規模生産の拡大，中間利潤の排除による製品コスト節減などの効果があげられる．また，農業経営は，農産物の処理，加工，販売事業に進出したとき，初めて小売段階または最終

需要者と直接に取引の交渉ができるようになり，自己の生産物を有利に販売するための製品市場戦略をとることができるようになる．こうした効果を活用して，成長を遂げているとみることができる．

以上のような農業経営の行動は，農業経営の外部環境に対する政策・制度の補完が極度に弱い日本にのみみられるものである．このような農業経営の自律的展開には高い経営者能力が必要であり，高いリスクを伴う．しかも，このような農業経営だけで国民が要望するような自給率の向上を確保することは困難である．

国民の関心の高い食料自給率の変化を手がかりに，農業経営の行動と農業経営の外部環境としての政治経済条件について論じた．農業経営の存続には，農業経営に労働力が確保できるような最小必要規模が成り立ち得る外部環境条件が必要であることが説明できたものと考える．グローバリゼーションは不可避であるとはいえ，そのなかで食料主権を実現するには，農業経営が存続し得るよう，農産物や経営要素の市場条件を緩和する不足払いや所得保障の措置が必要である．農業については，大規模経営育成政策をとるにも，完全な市場原理にまかせることはできない．生産規模がはるかに大きい欧米においてもそれらの措置がとられていることから，日本だけの例外ではない．そのうえに日本においては，極度に低い食料自給率を是正していくために，市場開放度合いに食料自給率のレベルを考慮するような国際的な措置を求めることも必要であろう．

なお，食料自給率問題を論じるときに，総合自給率と品目別自給率が併用されるとはいえ，実際には総合自給率のみが議論の的になりがちであり，それは食料自給率の改善を抽象的なものにしてしまっている．総合自給率を指標とすると，畜産物の国内生産の低下や，熱量の低い青果物の国内供給の低下が等閑視される．かといって，今まで熱量供給の要となる穀物や飼料の国内供給問題にしっかり焦点が当てられ，改善措置が講じられたかといえばそうでもない．総合自給率は本来は総合指標であり，本論＝中身は品目であるはずなのに両者は分裂状態にある．統合的な議論が用意されなけれならない． 〔新山陽子〕

追記）本稿は，新山陽子「自給率低下宿命論からの脱却」（山崎農業研究所編『食料主権―暮らしの安全と安心のために』農山漁村文化協会，2000年）をもとに，大幅に加筆修正してとりまとめたものである．

5. 生態環境と農家の行動

　地球の人口は62億人を超え，その経済活動は地球環境に影響を及ぼすまでに拡大してきた．人間が生存し続けるためには環境負荷の急速な増加を減速する必要があり，そのために資源を循環，再利用できる社会に変換することが求められている．地球の急速な人口増加を支えてきた近代農業も，農薬の作物，土壌への残留，作物に吸収されなかった肥料成分の土壌への残留や環境の富栄養化，化石燃料の大量使用などの負荷を環境に与えている．一方，人口の増加を支えるため食料の増産は必須である．農業は耕地面積の大きな拡大が望めないなかで環境への負荷を低減しながら食料を増産することを求められている．

5.1　生態系における窒素の循環

　生態系は有機物の生産者，消費者，分解者である植物，動物，微生物によって構成されている（図5.1）．植物は土壌，大気から水，二酸化炭素，無機元素などの無機物を吸収し，光合成のエネルギーを利用してこれらをデンプン，タンパク質などの有機物に変換する．これらの有機物は人間や動物の食料となり，体を構

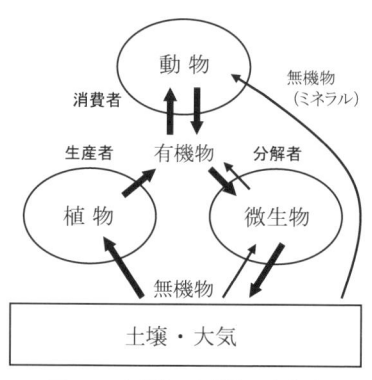

図5.1　有機物，無機物と生態系

成しエネルギーとして消費される．消化されなかった有機物（排泄物）や動植物の遺体は微生物の作用によって再び水，二酸化炭素，無機態の窒素などの無機物に戻る．つまり，動物，微生物は植物によって生産される有機物に依存している．この植物の能力を利用して食料を生産するのが耕種農業であり，植物の有機物（飼料）を動物の有機物（食肉，鶏卵，牛乳など）に変換するのが畜産農業である．

窒素は有機物に必ず含まれる．この生物の生存に欠かすことのできない元素は，大気中に 3.9×10^{15}t，海洋に 1.2×10^{12}t，陸上に 1.7×10^{11}t 分布し，これらの間を循環している[2]．大気中の窒素ガスは窒素固定微生物によってアンモニウムイオンに変換される（窒素固定）か，あるいは雷によって硝酸イオンとなり地上に降下する．土壌中の硝酸イオンやアンモニウムイオンは，植物に吸収されグルタミン酸の α アミノ基に変換される（無機窒素の有機化）．この α アミノ基窒素はさらに各種アミノ酸に変換され，核酸，タンパク質などの形で食物連鎖によって上位の動物に移行する．土壌の無機態窒素は微生物菌体としても有機化され，次第に腐植などの有機態窒素として蓄積する．動植物の遺体や排泄物の形で土壌に戻った有機態窒素は，微生物によって硝酸イオン，アンモニウムイオンに無機化（有機態窒素の無機化）された後，植物に吸収利用されたり，再び微生物の菌体となる．土壌粘土鉱物に吸着保持されるアンモニウムイオンに対し，硝酸イオンは吸着されにくいので土壌中を水とともに移動し（溶脱），地下水に集積し海洋に移動し蓄積する．硝酸イオンは嫌気環境では酸素分子に代わって微生物の呼吸に使わ

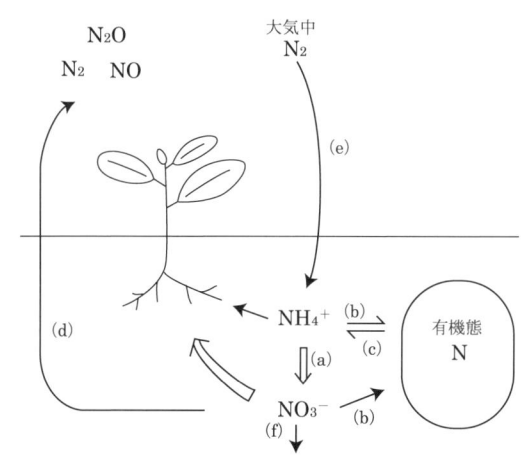

図 5.2 生態系における窒素の循環
(a) 硝酸化成，(b) 有機化，(c) 無機化，(d) 脱窒，(e) 窒素固定，(f) 溶脱．

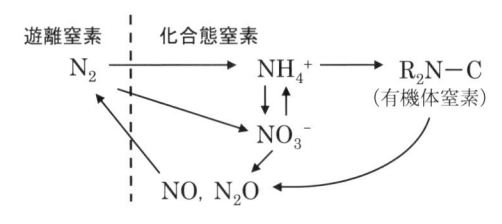

$$\begin{array}{c} \text{遊離窒素} \;|\; \text{化合態窒素} \\ N_2 \longrightarrow NH_4^+ \longrightarrow R_2N-C \\ \text{(有機体窒素)} \\ \downarrow\uparrow \\ NO_3^- \\ NO,\ N_2O \end{array}$$

図 5.3 窒素原子の結合相手

れ，窒素酸化物，窒素ガスに還元されて大気に戻る（脱窒）（図 5.2）．水田土壌は湛水下で嫌気環境にあり，流入する硝酸イオンは活発に脱窒される．海岸の干潟，河口なども脱窒活性が強い．このように窒素は地球の生物圏を大気→土壌→大気と大きく循環しており，農業生産→食生活→生ゴミ，排泄物という食品を介した窒素の移動もこの大きな窒素循環の一部を構成している．窒素はさまざまに形態を変えるようにみえるが，自然界に存在する窒素は遊離の窒素と化合態の窒素に大別することができ，化合態窒素での窒素原子の結合相手のほとんどは水素，酸素，炭素原子である．地球上の窒素原子の総量は変化しない．環境における窒素の富栄養化とは，化合態窒素の過剰にほかならない（図 5.3）．

5.2 窒素の環境負荷の現状

農業は植物の光合成能力を利用して食料を生産する．しかし，近代農業は太陽エネルギー以外の補助エネルギー源として多量の石油を消費する．投入される補助エネルギーは労働，燃料，暖房などの直接消費と肥料，灌漑，農薬などの間接消費に分けて考えることができる．農作物として回収されるエネルギーに対する補助エネルギーの割合は，農業技術の近代化によって徐々に増加している．つまり農業機械，灌漑，化学肥料など補助エネルギーの導入によって単位面積あたりの収量や労働生産性は向上するが，その投入に見合うほどには収量は増加しない．宇田川[1]によるとコメ生産では投入される間接エネルギーの 29 % を，野菜作では 35 % を化学肥料が占める．近代農業の問題点のひとつは補助エネルギーの大量投入にある．

農業生産環境調査（2000）を分析した西尾[2]によると，肥料窒素の利用率が低い作物は露地栽培されたナス（利用率 25 %），キュウリ（同 20 %），トマト（同 31 %），ホウレンソウ（同 29 %）などで，ナスでは 1 ha あたり 643 kg の施肥に対

し483 kg, キュウリでは604 kgの施肥に対し482 kg, チャでは628 kgに対し350 kgの窒素が作物に利用されなかった. 野菜, 普通作物, 工芸作物, 果樹など46作目での施肥窒素の利用率平均は47％にとどまった. 作物に吸収されなかった窒素の一部は土壌微生物に吸収され土壌の有機態窒素となるが, 多くは地下水に移動する. 市町村単位でみた窒素施肥量と地下水の硝酸イオン濃度には相関が認められ[3], 作物に吸収されなかった窒素の多くが環境に流出していることが裏づけられた. 地下水の硝酸イオン濃度は畜産の盛んな南九州や北海道で高い[4].

図5.4は2002年冬に京都市で市販されていたホウレンソウとコマツナの可食部に含まれている硝酸イオン濃度のヒストグラムである. コマツナでは平均4800 mg kg^{-1}新鮮重の, ホウレンソウでは平均8500 mg kg^{-1}新鮮重の硝酸イオンを検出した. これらの試料の総窒素含有率と硝酸態窒素含有率の関係をみると (図5.5), 窒素含有率が一定の値を超えると硝酸態窒素が蓄積し始めることがわかる. 野菜から摂取される硝酸態窒素は成人にはほとんど健康被害を与えないことが明らかにされているが[5], 葉菜類に硝酸態窒素が多量に蓄積されていることはこれ

図5.4 市販ホウレンソウ, コマツナ地上部の硝酸イオンの蓄積

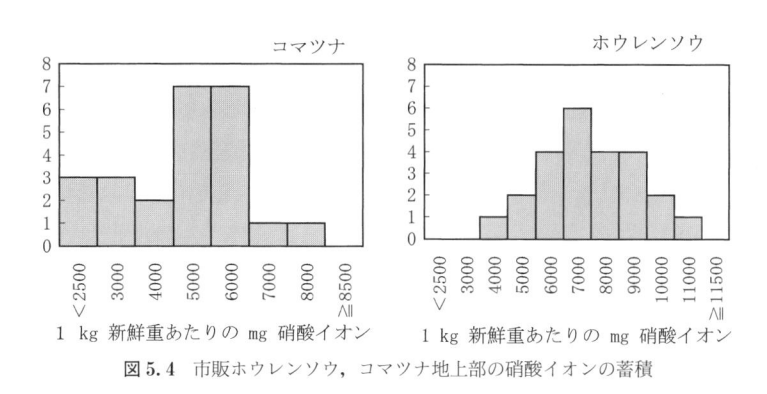

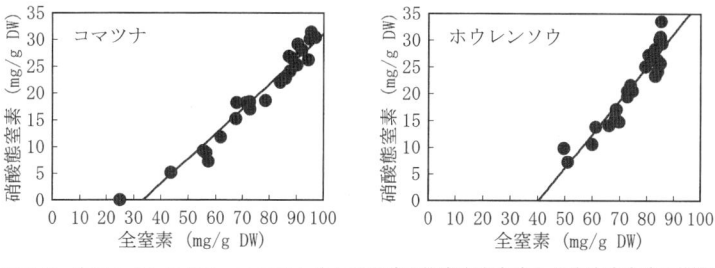

図5.5 市販ホウレンソウ, コマツナ地上部の硝酸態窒素含有率と全窒素含有率の関係

らに窒素肥料が過剰に施用されていることを示している．EU ではホウレンソウ，レタスなど葉菜類の硝酸イオン濃度に 2500〜3500 mg kg^{-1}新鮮重という上限規制値が設けられ，これ以上の硝酸イオンを含有する葉菜は出荷できない．ただしこの規制値には科学的な根拠が薄弱だとして生産者の抵抗も大きい．

　わが国の国内で供給される食料のうち，国産の食料，飼料によってまかなわれている割合（供給熱量ベースの食料自給率）は国内農業の衰退，食料の輸入増加によって 40 ％にまで低下し，食料の 60 ％は外国から輸入されている．食料には必ず窒素が含まれるので食料の輸入は日本の国土への窒素の流入でもある．三輪の方法[6]に基づき 2000 年度の食料需給における窒素の流れを計算すると[7]（図 5.6），一年間に日本人の食生活に向けて供給された食料,飼料は窒素 163 万 t を含んでいた．このうち輸入食料，飼料に含まれる窒素は 101 万 t，国産の食料に含まれる 62 万 t であり，そのうちわけは農産物 46 万 t，魚介類 17 万 t であった．食料中の窒素の国産窒素の割合 (62/163) は 38 ％と，供給熱量ベースの食料自給率にほぼ等しい．163 万 t 窒素のうち食生活に利用された窒素は 85 万 t で，そのうちわけは畜産物 17 万 t，農産物 53 万 t，加工食品 15 万 t であった．人間のし尿，雑排水などに 52 万 t（2001 年），生ゴミに 19 万 t（1996 年）の窒素が含まれていた．畜産には 79 万 t の窒素を含む飼料が供給され，生産量との差 61 万 t が畜産廃棄物として排出された．農水省による飼育頭数からの推定値は 73 万 t で，この 80 ％が堆肥化されている．堆肥化の過程で窒素の 20 ％がアンモニアとして揮散すると仮定すると，家畜糞由来の堆肥が含む窒素は 47 万 t と推定される．作物残渣，生ゴミ，汚泥などとして回収され堆肥化，飼料化される窒素 12 万 t をあわせると 59

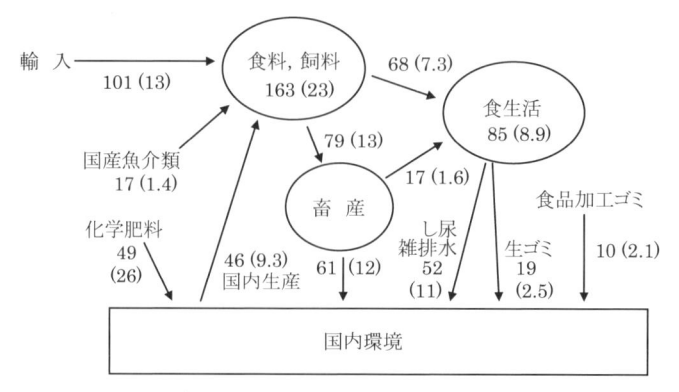

図 5.6　わが国を巡る食糧需給に伴う窒素の動き（単位万 t；（ ）内の数値はリン）

万tの窒素が再利用できることになる．この量は化学肥料として施用された窒素49万tを上回っており，仮に化学肥料の窒素をすべて有機廃棄物窒素で置き換えても国内の農地では消費しきれない．

　窒素の動きを地球規模でみてみよう．20世紀初頭に空中窒素を水素と結合させてアンモニアを工業的に合成するハーバー-ボッシュ法が実用化された．空中窒素の固定量は年々増加し，いまや1年間に1億tの空中窒素がアンモニアに変換され，このうち80％が窒素肥料として耕地に施用されている[8]．さらにエネルギー消費の拡大に伴い，化石燃料に閉じこめられていた窒素や空気中の窒素が，発電所，自動車のエンジンなどの燃焼過程で一酸化窒素，亜酸化窒素，亜硝酸ガスとして放出され[9,10]，その量は毎年2千万t窒素にのぼる．共生的窒素固定を行うマメ科植物の栽培拡大によっても空中窒素の固定量は増加し，その量は毎年4千万tにのぼり，合計すると毎年1億4千万tの化合態窒素が地球生態系に加わっている．地球の窒素固定量は年間最大1億4千万tと見積もられるので，いまや人間の活動によって自然が行う窒素固定量とほぼ同量の化合態窒素が毎年生態系に加わることになった．土壌に化合態窒素が増加すると作物の吸収が増加し，植物病害，虫害を助長することが示唆されている．環境の富栄養化は生物の多様性に影響し，種を減少させると考えられている．これは植物遺伝資源の損失だけでなく，高い窒素濃度に不適応な植物に依存する生物種にも影響を与える．硝酸イオンが溶脱するときには土壌からカルシウムイオンなどの陽イオンを伴って移動する．このため土壌は次第に酸性化する．その結果アルミニウムイオンが可溶化され，土壌酸性，カルシウムの欠乏とともに植物の生育を阻害する．しかし環境中の化合態窒素濃度の増加が環境にどのような負の影響を与えるのか不確定な部分が多い．一方，二酸化炭素の増加は地球温暖化をもたらすので発生量の削減が求められている．石炭，石油などの化石燃料はすべて生物起源なので窒素を含んでおり，これらの燃焼は二酸化炭素だけでなく窒素酸化物の大気への放出でもある[9,10]．窒素過剰，環境の富栄養化は二酸化炭素の問題とも密接に関係している．環境悪化に対して総合的な対策が必要となるゆえんである．

5.3　環境に負荷をかけない農業

　適切な農業活動を通じて国土，環境保全に資するという観点から，効率的な施肥や防除，地力維持・促進，家畜糞尿などのリサイクル利用の推進，環境保全型

農業技術の確立開発などにより，生産性の向上を図りつつ環境保全に配慮した持続的農業を行う必要が提唱されている[11]．先にみてきたように，化学肥料に依存する近代農業は窒素など栄養塩類の過剰投入によって土壌，陸水，海洋環境を変えつつある．さらに輸入される食料，飼料に含まれる窒素成分は環境に蓄積し始めている．わが国の国土はこのように生物にとって最も重要な元素である窒素が過剰の状態にある．その実態を明らかにし，国土を巡る窒素の動きを最適化するなかで農作物の収量が低下しない耕作，施肥方法を講じることが必要である．エネルギー消費を減らし，環境に窒素が多量に蓄積しないようにするためには，①食生活を見直し食料，飼料として供給される総窒素量を削減すること，②化学肥料の利用率を高めて施肥量を削減すること，③さらに化学肥料窒素の一部を有機性廃棄物の窒素でまかない，化学肥料窒素使用量を削減すること，④耕地に還元できる量を超える窒素は焼却処理すること，⑤水田を脱窒装置として有効に利用すること，が考えられる．

1960年の食料を巡る窒素の動きは，国産食料に含まれる窒素が73万t，輸入食料に含まれる窒素が16万tで，合計89万tの窒素が一年間に食用に供された[12]．国内食料生産には69万tの化学肥料窒素が投入された．当時のわが国の人口は2000年の12700万人に対し9430万人であった．この当時の環境への窒素の負荷は，食事を経由した廃棄物としての89万tに加え，化学肥料69万tの半量が作物に吸収されなかったとすると，合計124万tである．これらは内海や陸水の生物相を維持し地力窒素の涵養に使われたり，脱窒されたりしたのだろう．2000年の窒素負荷量は年間186万t（163+23）である．環境の窒素処理能力を推定することは難しいが，1960年当時環境が124万tの窒素を循環できていたと仮定するならば，その後増加した62万tの窒素が環境の富栄養化などに関係しているのかもしれない．

日本の耕地土壌には平均0.26％の窒素が含まれている[13]．土壌の仮比重を1とすると，10 aの深さ10 cmまでの土壌には260 kgの窒素が存在することになる．水稲一作の平均的な窒素施肥量が10 aあたり10 kg程度であることを考えると，土壌に蓄積している窒素は多い．しかし260 kgの窒素のうち95％以上は土壌有機物中に存在し，作物がただちに利用できる硝酸イオンやアンモニウムイオンなど無機態窒素や，簡単に無機態窒素に変化しうる易分解性有機態窒素（可給態窒素）は土壌の全窒素の1.5％程度，3.9 kgしか存在しない．土壌有機物に会合して存在する不活発な窒素の量が，生物に大きく影響を与えるアンモニウムイオン，

硝酸イオンなどの量に比べてはるかに多いことが窒素の環境負荷を見えにくくしている．植物が可給態窒素を吸収すると腐植などの有機態窒素が無機化されたり，新たに空中窒素が固定されて減少した窒素を補填する．しかし，これらの過程は作物の吸収に比べてゆっくり起こるため，作物の急速な生長や可食部の肥大を支えるための可給態窒素が不足する．これが作物に窒素施肥が必要な理由である．

作物への窒素の補給は河川泥，落葉，海藻，野草，わら，草木灰，堆きゅう肥，緑肥，家畜糞，人糞尿などの自給肥料によって行われてきた．19世紀初頭にグアノやチリ硝石が窒素肥料として有効であることが知られ，これらの鉱物質肥料が南米からヨーロッパや北米に輸出され農業生産が上昇し急速な人口の増加を支えた[14]．さらに20世紀初頭に開始された工業的窒素固定によって，いまや1年間に8千万tの窒素肥料が耕地に施用されている[8]．化学肥料の特徴は水溶性で窒素成分の含有率が高いことである．このため多量に散布することができ，かつ即効性である．しかし同時に作物に肥料過剰害（肥料焼け）を起こしやすく耕地から流亡しやすい．このため少量づつ分施（追肥）する必要がある．緩効性肥料は追肥回数を減らすために開発された．これらには側鎖を導入して難溶性にした尿素誘導体，土壌微生物によるアンモニウムイオンの硝酸イオンへの変化（硝化作用）を抑制することで土壌の窒素保持力を強めた硝化抑制剤入り肥料，そして水溶性主剤の拡散を制御するために主剤をポリエチレン，硫黄，ポリウレタンなどで被覆した肥料などがある[15,16]．被覆肥料では植物の生長に伴って肥料成分が徐々に放出されるので，一作に必要な肥料の全量を基肥として播種時に与えることも可能になり，施肥された窒素の利用率が80％に達する例も報告されている．欠点として，高価なこと，被覆材であるポリエチレンが土壌に残留することが指摘されているが，ポリエチレンの光分解を促進する触媒を添加したり，生分解性樹脂を被覆材として用いることも試みられている．灌漑水に溶かした化学肥料を地中灌水すると水と肥料の利用効率を高めるうえで有効である．また水田で生育するイネの葉身窒素含有率を光センサーで常時測定し，窒素不足によって生育の停滞した部分にだけ窒素追肥を行うことで収量を増加させ，肥料窒素の利用率を高めようとする精密農業も試みられている[17,18]．これらの手段によって，化学肥料窒素の利用率を高めることが可能である．

化学肥料の施肥量を実質的に削減する手段として，有機廃棄物に含まれる窒素の再利用も重要な課題である．堆肥はもともと耕作することによって減少する土壌有機物を補う目的で施用され，稲わら，麦わら，野草，落葉，海藻などの有機

態炭素に富む廃棄物から耕種農家自身によって製造されてきた．これらの材料は有機態炭素の含有率が高いので，そのまま土壌に施用すると易分解性の有機態炭素が微生物に利用されて微生物の急激な増殖を引き起こし，その結果，作物に酸素欠乏障害や病害の発生，窒素飢餓，ガス害などをもたらす．このため有機物を耕地に施用する場合には有機態炭素をあらかじめ減らしておく必要がある．この操作が堆肥化である[19,20]．このとき硫酸アンモニウム，石灰窒素などの無機態窒素を補い発酵を促進する．堆肥化する理由として，発酵熱を利用して雑草種子，病原性微生物の死滅をはかること，水分を減らし汚物感を除き取り扱いやすくすること，もあげられる[19,20]．発酵終了の目安として，最終製品の炭素と窒素の重量比(C/N比)が10〜20になるまで堆積する．堆肥の熟成度を見積もるためにさまざまな判定基準が提案されている[21,22]．堆肥の完熟とは易分解性有機態炭素が微生物によってほとんど分解され，その堆肥を作物に施用した場合に窒素飢餓や酸素欠乏障害など，作物に生育障害をもたらさない状態をさす．出発材料に含まれる有機態窒素の一部はアンモニウムイオン，硝酸イオンに無機化されるが，その大部分は製造時に補われた無機態窒素とともに再び微生物に取り込まれて有機態窒素となっている．堆肥は土壌への有機物の供給と作物への養分の供給との二つの機能を持つ．しかし，堆肥に含まれる窒素の大部分は有機態なので，土壌中で微生物の作用によって無機化された後植物に吸収利用される．このため植物栄養素の供給という視点からみると即効性は期待できない．

最近では社会の構造の変化によって，家畜糞，生ゴミ，食品加工残渣など有機廃棄物の排出量が急増したため，これらを堆積，発酵処理した後に耕地に施用することが増えてきた．本稿ではこのようなものを便宜的に有機廃棄物発酵物とよぶ．堆肥が耕地への有機物補給を目的として，耕種農家（使用者）によって自給肥料として製造，施用してきたのに対し，有機廃棄物発酵物の場合には排出者が有機廃棄物を安価に処理するために土壌に還元することを目的として製造，市販する場合が多い．堆肥，有機廃棄物発酵物の使用実態を調査するため，1999年に京都府綾部市，福知山市，舞鶴市周辺の中丹地区で"担い手"認定耕種農家285戸（回答185戸，回収率65％）にアンケート調査を行った[23]．耕種農家の68％が堆肥を利用していた．堆肥を使用しない農家は32％だったが，利用する農家の49％でも堆肥施用量は10aあたり1t以下であった．堆肥を利用しない，施用量が少ないのは，①散布などに労力がかかる(40％)，②良質なものが手に入らない(20％)，③使用量などがわからない(11％)，がおもな理由であった．さらに，堆肥

に対する要望として，①完熟堆肥が欲しい(39％)，②散布労力を軽減したい(36％)，③成分表示をはっきりしてほしい(18％)などがあげられた．このような耕種農家の要求は，市販の有機廃棄物発酵物に対して農家が多くの不満を持っていることを表している．

図5.7に市販の有機廃棄物肥料を用いたコマツナの生育状況を示した．この試験では各ポットに与える全窒素を200 mgにそろえ，リン，カリウムはすべてのポットに同じ量を与えてある．それぞれのポットの全窒素量は同じでも即効性窒素量が異なるため，コマツナの生育量には大きな違いがみられた．これらの原材量はもともと窒素含有率が高く炭素含有率が低いので，堆積，発酵処理を行ってもC/N比はあまり低下せず，C/N比の低下は必ずしも完熟度の目安にはならない．また，窒素含有率は一般に堆肥よりは高いものの，質的には人間や動物に消化吸収されなかった代謝されにくい窒素が多い．このため化学肥料と異なり窒素含有率が肥効の目安にはならない．堀[24]は米作において，牛，豚，鶏糞から製造された堆肥の，化学肥料に対する肥効率を算出，紹介している．堆肥などの投入量を算定するにあたって化学肥料の窒素施肥量を基準にするためには，堆肥などに含まれる窒素を即効性の画分と徐々に無機化されてくる画分とに分けて考える必要がある．現在のところこれらを区別して定量する方法は確立されておらず，使用者の経験に基づくしか方法はない．堆肥でも多量に施用すると水溶性の窒素は化学肥料窒素と同様すばやく環境に流出する．したがって有機廃棄物発酵物を植物栄

図5.7 有機廃棄物発酵物の肥効の比較
収穫時期（4週間）のようす．左から化学肥料，牛糞バーク，牛糞モミ殻，牛糞おから，生ゴミ，鶏糞，豚糞由来の堆肥．いずれも市販品．ポットあたり総窒素が200 mgとなるよう，まさ土1 kgを充填したポットに与えた．牛糞モミ殻，牛糞おから，豚糞は葉が黄化し肥料切れを呈した．牛糞バークは窒素欠乏のため，生ゴミは未熟堆肥のため生育が悪い．化学肥料区が最も生育がよかった．

養素の供給源として施用する場合には，それらに即効性の窒素がどのくらい含まれ，さらに一定の期間にどのくらいの窒素が無機化されてくるのかを使用者にわかりやすい形で提示する必要がある．施用量を算出する場合には土壌の違いや施肥来歴，作目も考慮する必要がある．耕作者が有機廃棄物発酵物を土壌改良材として土壌への有機物補給を目的に使用する場合，即効性の窒素含有率が高いと作物の生育に影響する．聞き取り調査の結果から，耕作者が求める"完熟堆肥"とは，即効性窒素が少なく化学肥料の施肥設計に影響しない堆肥を指すように感じる．

5.4 現行の環境保全型農業，有機農業

ここでみてきたように，近代農法は労働生産性，土地生産性，収益性の向上を優先した結果，エネルギー，化学肥料，農薬の多投などで環境に負荷をかけるようになった．これらの環境負荷を低減するために環境保全型農業の導入が必要である．しかし，有機廃棄物発酵物を化学肥料の代替物として施用する場合には化学肥料の投入低減と共役する必要がある．人糞尿などは公衆衛生の立場から焼却処理が望ましい場合もある．今後，研究が必要な領域として以下の課題が挙げられる．まず，堆肥，有機廃棄物発酵物の品質評価方法を確立することである．さらに，土壌改良材として使用するのか，化学肥料の代替物として使用するのか，前者であるならばC/N比，総窒素含有率，後者であるならば，さらに即効性窒素の含有率，有機態窒素の無機化速度等の情報も必要であり，迅速な評価方法の開発が必要である．また，連用した場合の土壌の性質に対する影響，リンや重金属の蓄積量，土壌からの植物栄養素の溶脱量についての検討も必要である．根圏土壌における植物根から土壌有機物への働きかけにも不明の点が多い．植物の対応が明らかになれば有機物を利用した栽培に適した品種が開発できる可能性も考えられる．しかし，これらの検討が進んでも有機廃棄物発酵物の大幅な使用拡大は進まないと思われる．その理由は，植物栄養素の含有率が低く多量の投入が必要なこと，製品間，ロット間のばらつきが大きく使用方法を公定化しにくいこと，消費地と生産地，消費時期が限られること，などである．有機廃棄物に含まれる植物栄養素によって化学肥料使用量を削減するためには，濃縮，均質化，輸送，貯蔵などの問題を解決する必要があり，大幅な技術開発が必要である．

植物への栄養素供給の手段として堆肥，自給肥料が化学肥料に置き換わったの

は，肥効，労働生産性，土地生産性などの点で必然であった．いま化学肥料の一部を再び有機廃棄物発酵物に置き換えることの目的は，石油の消費と新規の空中窒素固定量を削減することにある．この点から耕地面積の40％を占める水田稲作において，肥料投入量の削減，有機廃棄物発酵物の利用を促進する方策の開発が重要である．しかし，現在の問題点は，環境の窒素過剰がどのような帰結をもたらすか，研究者の間でもはっきりとした見解が得られておらず，誰が責任を負うべきなのかはっきりしない点にある．窒素の利用効率を改善できることが明らかな被覆肥料の窒素あたりの価格は尿素肥料の約3倍である．有機廃棄物の発酵処理とその使用法の確立，運搬，散布にも経費がかかる．これらは窒素過剰による環境劣化を抑えるための経費である．従来の化学肥料は作物未利用窒素の環境への流出を考慮してこなかった．しかし，人口の増加によって耕地が相対的に少なくなり耕地土壌の窒素保持力が飽和した結果，環境に流出する化合態窒素は生態系に影響を与えるまでに増加してきた．滞留する窒素を発生させない経費，処理する経費をどのように負担したらよいのか，研究者から社会への問いかけと経費負担に関する合意の形成が必要だろう．現在の有機栽培によるプレミアムだけでは耕作者の負担は解消されない．わが国は食料の60％を輸入している．食料輸出国の中には，外貨獲得のために近代農法を導入し第一次産品の輸出に特化した国も多い．大量に食料を輸入するわが国は，食料供給国における環境への負荷を減らす施肥技術，栽培方法を開発し技術移転することが食料輸出国への責任である．耕種農業は地域における植物栄養素による環境負荷を最小とするように化学肥料と有機廃棄物（リサイクル）の投入量を組み合わせ，そのなかで最大の収量を確保するような技術を開発していく必要があるだろう．　　　　　　　　〔間藤　徹〕

引 用 文 献

1) 宇田川武俊：土の健康と物質循環, pp.187-207, 博友社, 1988.
2) 西尾道徳：日本土壌肥料学会誌, **72**：513-521, 2001.
3) 西尾道徳：日本土壌肥料学会誌, **72**：522-528, 2001.
4) 熊沢喜久雄：日本土壌肥料学会誌, **70**：207-213, 1999.
5) WHO：*WHO Tec. Rep. Ser.*, **859**：1, 1995.
6) 三輪睿太郎：土の健康と物質循環, pp.117-140, 博友社, 1988.
7) 松田　晃・間藤　徹：化学と生物, **41**：644-650, 2003.
8) Vitousek, P. M., *et al.*：*Issues in Ecology* 1, Ecological Society of America, 1997.
9) 畠山史郎：酸性雨, 日本評論社, 2003.

10) D. S. Jenkinson: *Plant & Soil*, **228**：3, 2001.
11) 平成4年度農業白書.
12) 平成5年度農業白書.
13) 佐野修司：京都大学農学研究科修士論文, 2000.
14) 高橋英一：肥料のきた道帰る道, 研成社, 1991.
15) 渡辺徹男・知念　弘：新農法への挑戦—生産・資源・環境との調和（庄子貞雄編）, pp.65-92, 博友社, 1995.
16) 藤田利雄・渡辺正弘：新農法への挑戦—生産・資源・環境との調和（庄子貞雄編）, pp.93-118, 博友社, 1995.
17) 梅田幹雄：化学と生物, **40**：480-486, 2002.
18) 中央農業総合研究センター　北陸研究センター：平成14年度試験研究成績書.
19) 松崎敏英：土と堆肥と有機物, 家の光協会, 1992.
20) 藤原俊六郎：堆肥のつくり方・使い方, 農文協. 2003.
21) 原田靖生：畜産の研究, **37**：1079-1086, 1983.
22) 井ノ子昭夫：農業および園芸, **57**：235-242, 1982.
23) 近畿農政局：中丹地域畜産環境基本調査報告書, 2002.
24) 堀　兼明：有機物研究の新しい展望, pp.5-42, 博友社, 1986.

6. 持続的農村社会の形成と農家の行動

6.1 土地に刻まれた歴史と農業

　私たちが目にする農村景観は，長い時間にわたり自然の厳しい検証を受けながら，生活や生産力の発展に応じてつくられてきた，自然と労働蓄積の合作である．先人たちが土地に刻んだ歴史や刻みつけた理由を理解しておくことは大切である．これを与件として，現在の技術や社会資本で，その機能を高め，利用していくことが必要であると考えるからである．

　山城・大和・河内・和泉・摂津の五ヶ国を，かつては畿内とよんでいた．現在の京都，奈良，大阪，兵庫の一部にあたる．この畿内では，近世において日本で最も集約的な農業が行われていた．限られた水・土地資源の利用を長い歴史のなかで極限まで高めた地域である．二毛作が広範囲に普及し，集団による田畑輪換が行われていた．本稿では，その代表として奈良盆地を取りあげる．

　奈良盆地を鳥瞰すると，碁盤目に整然と刻まれた耕地，その区画を利用して点在する溜池，区画に沿ってつくられた農道や河川，極度に密集したムラ，堀に囲まれた環濠集落，集落や耕地を防御する治水施設など，多くの土地改良のあとを目にすることができる．長い時間をかけながら，数多くの土地改良が加えられてきた．土地に刻まれた歴史をたどり，自然風土に立脚した持続的な農村社会がつくられてきたようすをさぐることにしたい．

6.1.1 耕地の開発，水田化

a. 条里地割の施行

　最大で最古の土地改良には条里地割の施行があげられる．東西 15 km，南北 30 km の盆地全域に広がる整然とした耕地区画は，ほとんど条里の遺構である．畦畔からみる限り，地割の壮大さは実感できないが，上空からみると美しい．この大土木事業の記録は残されていないが，奈良時代から平安時代に施行されたとみら

れている．

　地割は盆地中央を南北に走る「下ツ道」を基準線にして，南北につらなる6町幅（約654 m）の耕地帯を里，東西につらなるものを条と名づけていた．6町四方の1区画は「里」と呼ばれる．里の中はさらに1町（約109 m）四方の36坪に分かれる．坪はさらに10等分され，その各々の広さを1反（約12 a）とした．農道や用水路，畦畔を含むとしても，1区画12 aはおそらく当時の一般人の常識を越えた広さだったのではなかろうか．

　この地割について注目したいことがある．千年ほど前につくられたという「永い生命力」である．これほど長期に利用されつづけた耕地は，おそらく世界でもまれであろう．だが，当時の地割は地下約1 mに埋没している．盆地周辺の山地から流れ出した土砂は，洪水を起こし盆地に堆積したが，その都度修復された．水田のすぐれた機能とともに，農民の修復やたゆまぬ維持管理のたまものであることを忘れてはならない．

　開墾された耕地は毎年耕作される，と考えるのが自明の理である．しかし，地割内は，当初から全面的に水田化されたのではない．用水の不足を主因とした不安定な耕地や荒地が多数を占めていた．毎年連続して耕作される安定した耕地と，断続的・間欠的に耕作される不安定な耕地が併存し，一時的に耕作放棄される不安定な耕地は「かたあらし」とよばれていた．一定の安定耕地を基盤として，用水確保を行いながら，荒地に向かってアメーバーのように伸縮を繰り返していた．開田は少量ずつではあっても，耕地は条里地割の格子に納まっていったとみられる．

b．河川のつけかえ

　自然の傾斜に沿って樹木の枝のように分岐していた旧河道は，それぞれの支流が平行に流下し，盆地中央部で車軸状に合流する形態につけかえられた．つけかえられた理由は明らかではないが，農的視点からみると興味深い特徴がある．特に，河川の支流が平行に流下する盆地南部が顕著で，集水区域と灌漑区域が重複しない配列をとっている点である．高い標高を流れる河川の用水は，毛細血管のように細分化された水路をたどって水田を潤し，余水や悪水は低い標高の河川に集まり，つぎの河川に向かって灌漑されていく．つまり，この配列は，灌漑→集水→灌漑→集水という用水の反覆利用を可能にし，集約化を高めている．用水の不足がちなこの地域にとって格好の形態であり，利水重視のつけかえであった．非灌漑期の水路はすべて排水路として利用でき，地下水位を下げることができる．

耕地は乾きやすく，乾田化しやすい．さらに，中世における水利施設の精巧化，番水制を代表とする利用・配分の合理化は，開田化を促進したと考えられる．ところが，利水重視の河川つけかえは，治水の犠牲を伴っていた．ここに治水・利水の両整備が必要になり，その克服が大きな課題となった．

こうして，中世末までに開田は完了する．天理市に現存する『文禄検地帳』(1595年実施)の中から盆地部に位置する36ヶ村を，300年後の1891 (明治24)年に刊行された『大和国町村誌集』と比較すると，耕地面積はほとんど変化がみられない．水田率は87.7％から92.4％に高まるものの，常に高い水準にあったことがわかる．このことから，水田開発は文禄以前の中世末までにほとんど終了し，高い水田率はそのまま現在まで維持された，と推測できる．

c． 治水施設の整備と集村化

条里制のうえにつくられた集落は，家々が散らばった散居であった．ところが，13世紀頃から15世紀にかけて集村化や環濠集落の形成をみるのである．人間が生活していた遺構面の土砂堆積は平安後期から進む．この頃から水害による被害が増したことになる．水害に対応するには，家々が散在していたのでは難しい．一ヶ所にかたまって防備する方が効果的である．集村化の大きな要因は，この防水対策にあったのではなかろうか．

治水施設は，盆地の低平坦部を中心に数多く作られた．集落を洪水から守る請堤，洪水を貯留する遊水地，遊水地へ氾濫させる霞堤や乗越堤．いずれの方法も，洪水をおだやかに氾濫させることで，遊水地の農作物は冠水害にとどめ，下流の河道負担を弱めて，氾濫被害をできるだけくいとめようとする．

遊水地における水稲作付は，かなり許容度の高い土地利用であった．河道拡大で洪水疎通をはかるには，耕地の犠牲を伴う．不確実で，しかもわずかな滞水時間のために．それよりも，水稲の減収をあえて許容しながら，洪水を耕地に遊水した方が経済効果が高い，と判断されたのであろう．洪水の遊水はすべてがマイナスではなかった．氾濫水は地力の天然供給を伴った．滞水常習地に残る「水が浸いたら油揚げ飯を炊け」という俗謡には，洪水とのおおらかなつきあいがうかがえる．経験から導きだした治水と土地利用の妥協点が，一連の治水施設の設置であった．

6.1.2 土地利用の集約化

a. 溜池灌漑と二毛作の成立

中世末期には水田化できる余地は少なくなり，人々の関心は集約的な土地利用へ向かうことになる．集約的な土地利用を実現するのに大きな役割を果たしたのは溜池であった．奈良盆地においても，香川の満濃池や大阪の狭山池と同様に，古代に築造されたと考えられる池は30余りを数える．しかし，その灌漑範囲は，盆地全体からみれば，きわめて限られていた．平坦部には条里地割を利用した方形の池が卓越する．この四方を築堤した「皿池」は，17世紀から18世紀初頭までに，中央低地部を除くと17世紀前半に集中して築造されたのである．大阪や讃岐平野の平坦部の溜池も，多くは同じ時期に増拡張されている．

前述のように，奈良盆地の水田開発は中世末までに完了した．しかし，溜池増拡張はそのあと集中する．この事実はどう解釈すべきだろうか．

東日本は近代まで冬期湛水田が存在したように，奈良盆地の水田も一年中貯水しておく湿田一毛作が主であったと思われる．しかし，15世紀には限られた範囲のなかで水田二毛作の普及が認められ，17世紀には盆地全域に広がったとみられる．貯水池的機能を持った湿田の乾田化に伴い，用水需要は急増した．

この二毛作の急速な普及に対応した水利施設の整備と用水の確保が，近世初期の溜池急増であったと考えられる．水田自体を貯水池とする湿田は，水稲単作を強制する．それに対して，土地改良を通して貯水池と耕地を分離した溜池灌漑は，耕地の時間的・空間的利用度を高め，集約的な利用を可能にした．この溜池による革新的な土地生産力増強の意義は，現代も貫徹しており，高く評価すべきものと考える．

b. 田畑輪換農業の成立

溜池や用水路の増拡張など用水の確保は，ムラあるいは領主の公共投資であり，拡大するには耕地（多くは水田）の減少を伴った．この用水の確保と個別農民の経済性追求のための二毛作の普及は不均衡に展開し，慢性的な用水不足状態におかれた．干ばつが予想された場合は，水稲の作付制限を行う「歩植」「割り水」など，犠牲田の設置が各ムラで集団的に行われ，計画的な集団田畑輪換へ移行したと考えられる．田畑輪換は二毛作普及という農民主体の土地利用から生じた，水不足回避の節水農法だったのである．

稲のかわりに作付けられた畑作物は棉（ワタ）であった．水田でのワタ作は禁じられていたが，大和の農民は17世紀後半頃には禁令を形骸化し黙認させた．ワ

タ作の最盛期は18世紀中頃で，盆地におけるその面積は6000町歩(7140 ha)，ワタ作率は3割程度とみられ，水稲2年，ワタ1年の3年を1周期としていた．近世の田畑輪換は，零細分散耕作のもとで畑作物の湿害回避をはかるため，つぎの3原則から成り立っていた．第1に，里道で囲まれた1区画（条里地割の遺構を利用しているので約1 ha）を1単位とした集団輪換である．第2に，団地を構成している個々の耕地は，それぞれの耕作者のもとで耕作される．第3に，輪換畑は規則正しい周期のもとで毎年移動する．以上，集団的コントロールのもとに団地を形成し，水制御・湿害防止を図り，一定の周期で毎年移動する集団輪換であった．これは地域的にも歴史的にも貫かれていた．

前述の『文禄検地帳』と『大和国町村誌集』比較からは，もう一つ興味深い点が浮かびあがってくる．約300年間に，36ヶ村の屋敷の面積は28町から108町へと，4倍近い増加をみるのである．二毛作や田畑輪換の普及による毛替え期間の短縮，ムギの条間にワタを播種するといった間作も常態化した．収穫物の乾燥・調製の場が田圃から屋敷の庭に求められたからであろう．庭に菜園がつくられることはあっても，春秋の収穫期には穀物に利用された．

6.1.3 いにしえより学ぶ

飛鳥から藤原・平城京の造営など活発な人間活動は，条里地割の施行，河川のつけかえ，利水施設の整備などによって荒地や山林の耕地化，耕地の水田化を図った．人間活動による山地の荒廃・土壌の流出など負の側面は，治水施設の整備や集村化，環濠集落の形成をを促進させた．耕地の拡大，水田化が行き詰まると，水田の二毛作，田畑輪換など集約的な土地利用に転化した．この転化を可能にしたのが，溜池増拡張や屋敷地の拡大であった．このように，私たちが現在目にする農村景観の多くは近世初期までに形成されたと思われる．長い時間をかけながら，地形や気象条件を生かしながら，自然からの厳しい検証を受けながら，生活や生産力の発展に応じて形成されてきた．土地改良は階段を登るように新たな生産力を生み出してきた．

田畑輪換農法の成立より半世紀から一世紀の遅れをもって，イギリスでは輪栽式農法の成立をみている．三圃式から穀草式を経て，より合理的な農法として輪栽式が，農業革命を伴いながら18世紀後期から19世紀前期にかけて成立した[2]．ところが，19世紀末からの大不況のもとで，輪栽式は穀草式に再転換されていった．休閑耕の機能を持っていた根菜類は除草剤に置きかえられ，穀物連作に伴う

障害は中断作物によって克服された．根菜類，マメ類，ナタネなどの中断作物は伝統的な輪作の範疇にはなく，集約的な穀物連作を行うための手段として位置づけられている[7]．

田畑輪換は西欧の輪栽式に匹敵する，あるいは同じ範疇に属するすぐれた農法であると考える．しかし，この田畑輪換も時代に翻弄されることになる．19世紀末からの綿花の輸入を先駆けとして，田畑輪換は振幅を繰り返しながら壊滅へ向かった．二毛作は1960年前後から崩壊しはじめ，一毛作による土地利用の「過疎化」が進んだ[4]．その結果，現代の土地利用は，いわば中世以前に後退したともいえる．土地利用体系の後退のうえに現代の農業技術が開発され，組み立てられようとしているのである．

地域資源の利用も大きく変質する．新たな水源開発（大規模な溜池築造と吉野川分水の通水），近年の都市化による水田潰廃，家庭排水の増加，減反政策，一毛作の増加は用水を潤沢化させた．この結果，新水源が優先的に利用され，溜池は遊休化し，地域資源は粗放な利用が目につくようになる．古老は「ムギが作られるようになると，皿池はまた必要になる」と語っていたが，しばらくのあいだ休眠である．

農業用水路と排水路は兼用であった．水稲の灌漑期は各所に堰を設けて，貯水機能を持たせた用水路とし，地域的に水田化を図り，非灌漑期は堰を外して排水路に切り替え，乾田化を図った．農家の組織的な対応が施設を兼用化していた事例は，水路に限ったことではなかった．巧みな水の駆け引きのもとに，水田も畑

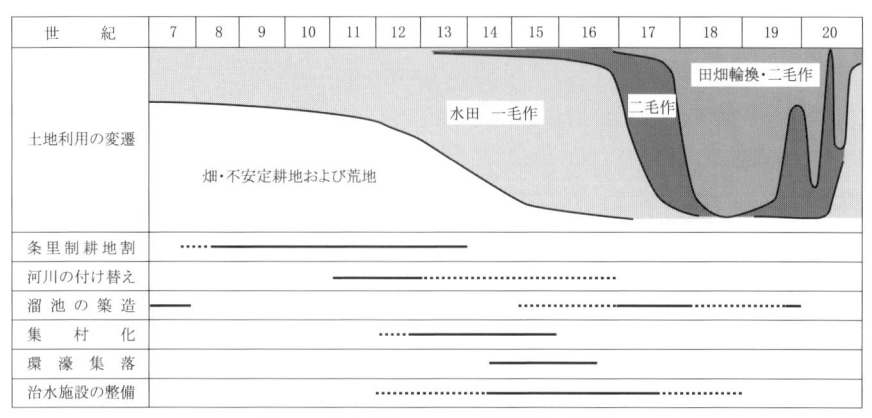

図6.1 奈良盆地における土地利用の変遷[6]

との兼用で，両者の生産力をともに高めた．灌漑期の大和川は井堰を設け農業用に，非灌漑期は井堰を取り外し水運用に切り替え，大坂・大和間における農産物や肥料の運搬に供した．洪水時には遊水機能を持たせた水田も多く存在した．また用水の反復利用，地力の循環，田と畑の輪換にみるような資源のリサイクルも徹底していた．我々は特定の資源を特定の目的に利用する傾向を強め，個別の利便を追究してきたが，資源の兼用・循環利用は再考すべき課題のように思う．

氾濫工法を主体とする治水施設は奈良盆地においても数多くつくられてきた．土壌堆積はあっても流亡の少ない水田，冠水害に強い水稲の組み合わせなど，地震や台風・豪雨など自然災害の多い日本にあっては，力に対して力で対抗するのではなく，柔構造で対応してきた．災害の規模が大きいほど壊滅的な被害を和らげたからである．自然からの厳しい検証を受けながら，風土にあわせた技術として形成してきた．古人は持続する世界を維持し，さらにその機能を高めようとしてきた．その思想はなぜ失われたのだろうか．どうすれば復活するのだろうか．

さらに学習を進めるために

本章は『奈良盆地の水土史』[6]を要約したものである．農法的視点から農業技術史をみるようになったのは古島敏雄『土地に刻まれた歴史』[5]，加用信文『日本農法論』[2]に接したのがきっかけであった．奈良盆地の分析では，徳永光俊の『日本農法史研究』[3]が詳しい．全国各地の農民が書き残した農書は，『日本農書全集』[8]全72巻として刊行されており，歴史家のみならず，技術研究者も容易に接する機会が与えられている．永田恵十郎『地域資源の国民的利用』[4]，内山節編著『ローカルな思想を創る』[1]は，地域が持つ自然風土の分析や特質を考えるうえで参考になる．
〔宮本　誠〕

参 考 文 献

1) 内山　節，他：ローカルな思想を創る，pp.7-20，農文協，1998．
2) 加用信文：日本農法論，御茶の水書房，1972．
3) 徳永光俊：日本農法史研究，農文協，1997．
4) 永田恵十郎：地域資源の国民的利用，農文協，1988．
5) 古島敏雄：土地に刻まれた歴史，岩波書店，1967．
6) 宮本　誠：奈良盆地の水土史，農文協，1994．
7) 村田和賀代：農業経営研究，**106**：25-34，2000．
8) 守田志郎，他編：日本農書全集，農文協，1977〜99．

6.2 消費者,農業生態系と共生する農家行動

6.2.1 共生の意味

近年,農業活動においても,「共生」という言葉が盛んに使われる.農家と消費者の共生,農業と農業生態系の共生などである.共生とはマメと根粒細菌のような関係をいう.根粒細菌は大気中から取り込んだ窒素をマメに与え,マメは炭水化物を根粒細菌に与える.このような「もちつもたれつ」の関係が共生の解釈である.

本章では,もう少し踏み込んだ解釈をしたい.哺乳類は,その最初の祖先から多様な種類に分化し,進化をとげた.このような種の多様化と進化に共生が深くかかわってきた.ジェイコブス[1]は「ウマにはそのウマの祖先以外にも必要なものがある.ウマがいるからには牧草がなければならない.牧草には表土がいる.表土は(中略)堆肥をつくるバクテリア,動物の糞が生じなければならない.つまり,ウマ自身の進化の系統に加えて必要な多くの他の進化や系統には際限がない」とし,ともに多様化しながら進化することを共発展とよび,経済の発展を生態系の発展になぞらえながら説明した.

農家行動も,消費者や生態系との共生によって,進化し多様化してきた.消費者との対話のなかで,多様な品目を栽培し,人の口に合うように品種改良を加えてきた.他方,消費活動においても,多様な料理が生まれ,多様な食文化がはぐくまれた.また,地域固有の多様な生態系に適用するため,栽培技術を多様化させてきた.他方,生態系は,農業によって適当に攪乱されることで,生物多様性を増した.たとえば,春の七草や秋のヒガンバナなど草花は,畦畔や法面の草刈を定期的に行うことで咲く.

「農家は,消費者や農業生態系など制約のなかで,利益や効用を最大化しようと行動する」というのが,これまでの農家行動のとらえかたである.しかし,消費活動も農業生態系も農業との共生のなかで発展すると考えれば,消費者も農業生態系も制約ではない.そこで本章では,「共生」をキーワードとし,農家行動のあり方について考える.

6.2.2 消費者や生態系と農家のフィードバック・ルーチン

共生が多様化や進化という発展を伴うためには,お互いの対話が不可欠である.

農家が行動すれば，消費者はそれに対する反応を返し，農家はその情報をもとに行動を修正するというフィードバック・ルーチンが存在する．ナス農家を例に考えよう．ナスを作りすぎればナスが売れ残る．この情報が農家に伝われば，生産を減らすという農家行動に現れる．農家と農業生態系も，本来，フィードバック・ルーチンで結ばれている．肥料が切れれば，ナスが「成り疲れ」する．この情報が農家に伝われば，追肥を施すという農家行動に現れる．

かつて，農家が消費者や農業生態系と直接対話した時代の農家行動は多様であった．現在でも残る京の伝統野菜がよい事例である．京都では，日常食べるおかずのことを「おばんざい」とよぶが，これを支えてきたのが振り売りである．農家は，自ら荷車を曳き，消費者に野菜を直接届ける．小宅・小倉[2]が紹介するように，振り売り農家は，客の意向に沿って何をどれだけ栽培するか決める．そのため，京都の食文化に結びついた，聖護院ダイコン，壬生菜，賀茂ナス，伏見トウガラシ，九条ネギなどローカルな野菜を需要に応じて少量多品目生産する．ナショナルブランドといわれる特定の野菜を大量生産する近代的な生産体制とは大きく異なる．

最近注目されるようになった大阪の伝統野菜も興味深い．内藤[3]が紹介するように，泉州水ナスは，個々の農家が，自家採種を繰り返し，固有の技術で生産してきたため，農家間で大きな品質格差がある．泉州は水ナスの産地といわれるが，農家によって，品種も，技術も，販売方法もバラバラである．現代のいわゆる大産地が，品種も技術も統一し，農協による共同販売を行うのと大きく異なる．

6.2.3　農家行動の画一化と持続性の低下

しかし高度経済成長期以降，農家が消費者や農業生態系と直接対話することがなくなった．その結果，農家行動が画一化すると同時に，農業が持続性を失う．

a. 政府の介入

直接対話しなくなった理由の第一は，フィードバック・ルーチンに政府が介在するようになったことである．1961年，旧農業基本法が成立し，農家行動の画一化が進む．かつての農業経営は，自給を前提とした少量多品目生産であった．しかし政府は，米だけを生産する農家，特定の野菜だけを生産する農家，牛だけを肥育する農家と，モノカルチャー化を進めた．また，大量生産・大量流通システムを構築しようと，たとえば野菜については，野菜生産出荷安定法により，ダイコンならダイコンだけ，キュウリならキュウリだけを大量生産する大規模産地を

育成した．

　その結果，農業生産の持続性が失われる事例が生じている．ミカンが代表例であろう．政府は補助金を出してミカンを振興したが，皆がミカンを植えだすと，必然的に生産過剰となり，価格は低迷した．その結果，政府は，さらに補助金を出し，ミカンの樹を伐る減反を進めた．画一的・中央集権的な計画生産体制をとる限り，あらゆる農産物においてこのような事態を招く危険性があるといえるだろう．

b. フードシステムの成長

　理由の第二は，フードシステムの成長である．かつては，地域で生産された農産物を地域で食べた．しかし，都市への人口集中が進むにつれ，食と農の距離が拡大した．現代，我々の食べ物は全国あるいは世界から運ばれてくる．物理的な距離が拡大しただけではない．女性の社会進出やライフスタイルの変化により，我々は，生鮮食品を買うことが少なくなり，加工品や外食に頼るようになった．農産物は，いくつもの流通業者，加工業者，外食産業を経て我々の口に入る．

　流通業者は，従来の八百屋と異なり，スーパーなど量販店となり，個々の農家にすれば巨大な買い手となった．外食産業や加工業者も同様である．そのため，農家はこれら巨大な買手の要求に従わざるを得ない．スーパーの陳列棚をみればわかるように，量販店は，大きさや形など規格が揃った大量の農産物を一定量仕入れようとする．そして農家は，規格化された大量の農産物を販売するため，農協による共同販売に依存し，農協が指示する品目を指示される規格に沿って生産しなければならない．筆者は，県の農業改良普及所で働いた経験があり，目揃(めぞろえ)会という行事にも参加した．農家が，農協が細かく指定する等級や規格に合わせて出荷するよう，農家の目を揃える会である．大量生産・大量流通のためには目揃会が必須であった．

　しかし，どの産地も，画一的農産物を大量生産すれば，やがて競争が激化し，価格が低下する．そこで売り上げを維持するため，さらに規模拡大するが，それがためにますます価格も売り上げも低迷する，という悪循環に陥るのである．

c. 食の危機・生態系の危機

　農家と消費者のフィードバック・ルーチンに行政機関あるいは流通・加工業者が介在することで，農家行動が画一化し，京都や大阪の伝統野菜のようなローカルな食品は消え，食文化の画一化が進んだ．極端な話をすれば，世界中どこでもハンバーガーを食べるようになった．さらに，昨今食への信頼が脅かされている．

農家は誰が食べるかわからない農産物を生産し，消費者は誰が生産し加工し流通したかわからない食品を食べる．大手乳業会社の起こした集団食中毒に始まり，狂牛病騒ぎ，食品表示偽装，無認可添加物，残留農薬へと続く一連の事件は，このようにブラックボックス化するフードシステムのなかで起こった．

また，農業生態系も持続性を失うことになる．筆者が農業改良普及員として働いた奈良県のある郡では，かつて多様な野菜を輪作していた．しかしダイコンの産地に指定され，ダイコンを年間4連作することになった．大量の農産物を一定量年間通して供給するためである．また，規格化された農産物を大量生産するため，栽培指針とよばれるマニュアルが必須であった．かつての農家は，気候風土に合う品種を選び，作物と対話しながら肥料や農薬を施してきた．しかし栽培指針は，栽培する品種，播種する時の畝間や株間，施す肥料や農薬の銘柄や量まで細かに指定する．そして，農家はマニュアル通りに作業する単なる労働者となった．そして，農家が生態系と直接対話しなくなった結果，ダイコンの生産量は連作障害により激減した．

6.2.4　進む農業の多様化

1980年代以降になると，これまで述べてきたような問題を認識し，かつてのような「直接対話」，すなわち消費者や農業生態系との共生関係を取り戻そうという動きが起こり始める．その結果，農家行動が多様化すると同時に，農業が持続性を取り戻す事例も生まれてきている．

a. 有機農業

最初に始まった直接対話は有機農業であろう．農家は，連作障害を回避するため，化学肥料や化学農薬に依存せず，農業生態系と直接対話しようとした．また，農産物の価格が低迷するなかで，付加価値を高めようとした．他方，消費者は，化学農薬によるリスクを回避しようとした．

有機農業を進めたのは農家と消費者の直接対話である．規格が一定ではない有機農産物は，卸売市場を通じて販売することが難しい．そこで多くの場合，生協など小売業者へ直売され，そこから消費者へと流通する．筆者の知るある農業者は，約20年間，コマツナ，ホウレンソウなど軟弱野菜の有機栽培に取り組んできた．商品のおもな販売先は有機野菜専門の小売業者2社で，取引量も価格も年中一定として契約している．このような流通システムにより，消費者は誰がどのようにして生産した農産物であるかを知り，生産される圃場を訪れることで農家と

のコミュニケーションも可能となる．このように，化学農薬や肥料に依存する農業への疑問から，消費者や農業生態系との直接対話のなかで，多様な行動をとる農家が現れた．そして，食への信頼を取り戻すと同時に，高付加価値の農産物を生産することで農業の持続性を取り戻すことが期待される．

b. 農業の6次産業化

1980年代後半になると，農業の「6次産業化」といわれる活動が本格化する．農業は1次産業であるが，農産物加工を行えば2次産業，農産物を直売や外食として提供すれば3次産業といえる．そして，これらを一貫して行えば1次＋2次＋3次＝6次となるわけだ．6次産業化は本書4.4節で述べた"垂直方向の多角化"に相当し，中間マージンの削減や最終需要者へのダイレクトな働きかけが可能となるなどのメリットを備えている．農家は，これにより農産物の付加価値を高めようとした．他方，規格化された食品に飽きた消費者がローカル食品に注目し始めたのも追い風となった．

農業の6次産業化を進めたのも農家と消費者の直接対話である．三重県のある成功事例を紹介すると，この農園は豚肉が価格低迷するなかでウィンナーへの加工を始めたのが出発点であった．しかし，それだけでは成功せず，ウィンナー加工を消費者に体験させることで成功した．体験させることで，どのように生産した食品であるかを知らせるという直接対話が成功の要因といえる．

また，和歌山県のある農園は，ミカンを中心とする果樹経営から出発したが，ミカン価格の暴落に伴い始めた直売によって，経営が大きく転換する．まず，ミカンに代わって小ウメ，カキ，キウイフルーツ，モモを導入した．さらに，梅干の加工を始め，スーパーへ直売したのをきっかけに，ウメやカキなどを用いた多様な加工品が開発された．このような農産物や加工品の販売は，量販店への直売，通信販売による消費者直売が中心である．消費者に新しい商品を提案し，それに対する反応によって商品を改良するという直接対話が多様化を進めたのである．そして現在の売り上げは7千万円を超えるに至っている．

c. 直売活動

このような流れを受け，1990年代に入ると，道の駅などに設置された直売所や朝市が繁盛するようになる．農家は，大型化する流通システムの中では販売が難しい少量多品目生産の農産物の販路を見いだそうとした．他方，消費者は，規格化された農産物よりも，不揃いだが価格が安くローカルな農産物に注目し始めた．

直売活動を活発化させたのも農家と消費者の直接対話である．直売では，商品

の規格も，価格設定も，包装も自由だが，売れ残れば持ち帰りとなる．また，商品には生産者の名前が明記され，品質が悪ければクレームが来る．逆に品質が良ければ，直接注文があり，新たな販路が開ける．このような対話のなかで，多くの直売所が，客が増えれば生産者が増え，生産者が増えれば品揃えが良くなり，品揃えが良くなれば客が増えるという好循環にある．

奈良県のある野菜直売所において，販売する農家へのアンケート調査を実施したところ，直売活動へ参加する理由として「自由に生産し，自由に販売できる」が最も重視されていた．また，参加しての感想として「新しい技術や作物に挑戦するようになった」とする人が74％を占めた．政府や農協に縛られることなく，自分の考えで多様な作物や技術に取り組みだしたといえる．また，53％が，農薬の散布回数は市場出荷の半分以下としている．栽培指針に縛られることなく，農業生態系と直接対話しだしたといえる．以上の結果，この地域では農家行動が多様化し，衰退してきたローカルな農産物やマイナーな農産物が復活した．それだけではなく，ブルーベリーをはじめとするジャム加工品，黒大豆を加工した豆腐やパンなど新しい商品が次々と生み出されている．

d. グリーンツーリズムと都市農村交流

1990年代に入り，グリーンツーリズムといわれる農村ツーリズムが本格化する．家族や友人など小グループが身近な農山村を訪れ，体験やふれあいを通じ地域の人々と交流する観光をいう（詳しくは宮崎[4]）．農村住民は，農林業の低迷により過疎化が進むなかで，観光開発を新たなビジネスチャンスととらえた．他方，都市住民は，自然のリズムで生活する農的世界，あるいは自然生態系を相手にする農林業に関心を持つようになった．

グリーンツーリズムを推進したのも，6次産業化や直売活動と同様，農村住民と都市住民の直接対話である．直接対話を通じ，ローカルな伝統食，茶摘みなど農業体験，そば打ちなどの加工体験といった多様なサービスが生まれた．しかし大きな違いは，両者の関係が商品の供給者と需要者を越え，交流によって農業・農村を守る活動を生み出す関係へと発展するところにある．たとえば，各地で行われている棚田オーナー制度は，農村住民が都市住民にレジャーとしての稲作体験を提供するにとどまらない．奈良県明日香村の例をみれば，レンゲ祭り，田植え後のさなぶり，彼岸花祭り，収穫祭，忘年会などさまざまな交流が実施され，案山子立て，蛍の夕べ，ススキ作り（わらを積んだもの）など，さまざまな活動へと発展している．

また，農業生態系が，農業生産のためだけの資源ではなく，ツーリズムのための資源としての価値を持つようになった．グリーンツーリズムの資源は手つかずの生態系ではなく，人の手が加わった里山や棚田である．赤トンボの多くは水田で生まれ，ホタルが生息するのは大自然ではなく人の手が加わった里地である．里山の多様な動植物は肥料や飼料となる下草，薪，シイタケ栽培のホダ木を採取することで育まれた．しかし現在，条件の悪い棚田は放棄され，利用されることがなくなった里山は草木がうっそうと茂り，人間のアクセスを拒むようになった．今，棚田オーナー制度や森林体験など都市住民との交流を通じ，このような生態系との共生が始まっている．ツーリズム資源として生態系を活用することで，農業・農村が活性化し，農業生態系も豊かになるのである．

6.2.5　フィードバック・ルーチンの弾力化・多様化・分権化

日本の農業粗生産額と生産農業所得の推移を図 6.2 に示した．1970 年代後半以降，生産額も所得も減少を続ける．この背景には，食料を外国に依存するようになったなどさまざまな理由が考えられる．しかし，農家と消費者や生態系が共生関係を失ったことも重要な理由である．農家と消費者や生態系のフィードバック・ルーチンが，政府や流通業者などが介在することで，弾力性を失い，画一化し，中央集権化したのである．消費者からの情報は政府や流通業者に伝わり，加工されて農家に届く．そして，政府や流通業者の中央集権的判断が農家行動を画一化する．このようにして生産された画一的農産物の価格は低迷した．他方，画

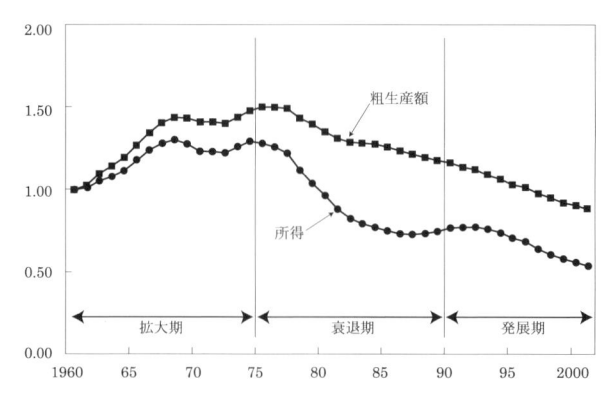

図 6.2　日本の農業粗生産額と生産農業所得の推移（1960 年を 1.00 とする）各年の数値は前後 5 年間の移動平均．消費者物価指数で実質化した．

一的栽培方法が農業生産を支える生態系を劣化させた．

　しかし 1980 年代後半になると，粗生産額の減少は続くが，所得が増加するという奇妙な現象が起こる．これは，農業サイドに歩留まりする付加価値の増加を意味し，農業多様化の一定の成果と受け止めることができる．共生関係を取り戻すことで，フィードバック・ルーチンが弾力化，多様化，分権化し，農家行動が多様化したのである．消費者からの情報は農家に直接伝わり，個々の農家は自分の考えで新しい商品や技術に挑戦し，その結果が多様な農家行動となって現れる．そして，差別化された多様な商品やサービスが次々と生み出されるなら，価格低迷に悩むことなく，農業は持続性を保つ．また，地域によって多様な生態系と個々の農家が弾力的に分権的に対応すれば，農家行動も多様化するはずである．そして，農業生産の資源あるいはツーリズムの資源としての農業生態系が維持されるなら，農業が持続性を失うことはない．

　しかし，外部から与えられるのではなく，消費者や農業生態系との対話のなかで，農家自身の創意工夫によって，新しい商品やサービスを開発することが求められる．これは，農家にとっては厳しい状況といえるが，農業が持続するための条件ともいえる．

さらに学習を進めるために

　おすすめの本として，参考文献に示した，ジェイコブスの『経済の本質』[1]と高橋信正・奥村英一編『おもろいで関西農業』[2]をあげておく．『経済の本質』は，地域経済の共生的発展，拡大，持続を，生態系の発展，拡大，持続を模倣しながら説明している．このことは，農業活動の多様化とその持続性のメカニズムを理解するのに役立つだろう．また，『おもろいで関西農業』は，関西農業の先駆性と多様性を明らかにし，これが農業を成長させることを説明している．天気と農業は西から変わるといわれるように，農業と消費者の距離が近かった関西では，個々の農家が，市場や消費者と直接対話しながら，先駆的に新たな作物や技術に取り組んだことで，農業が多様化してきた．これは，農産物の大量生産・大量流通が進んだ時代にはアキレス腱となったが，現在では，これが成長への原動力となっている．

〔藤本高志〕

参 考 文 献

1) ジェイン・ジェイコブス（香西　泰・植木尚子訳）：経済の本質，日本経済新聞社，2001．
2) 小宅　要・小倉　訓：おもろいで関西農業：その源泉を探る（高橋信正・奥村英一編），昭和堂，2004．
3) 内藤重之：大阪府農林技術センター研究報告，38：1-7，2002．
4) 宮崎　猛：人と地域をいかすグリーンツーリズム(21 ふるさと京都塾編)，pp.28-88，学芸出版社，1998．

7. アジアの栽培システム

7.1 中　　国
―蘇南地域における郷鎮企業の発展と規模農業の展開―

7.1.1　中国での農村経済体制の改革と農業システムの変化

a.　農家生産請負制度と双層経営体制

　1958年に始まる計画経済に基づく人民公社体制と農村人口の急増が，中国農村を極度に貧困化させた．計画経済にかわる農村経済体制の改革は，中国共産党第11期3中全会（1978年12月開催）に始まる．この改革は分権化と市場化に分けられる．分権化は人民公社による集団農業経営を解体し農業生産の農家生産請負制度（農家請負制）を導入することである．市場化は農産物流通の国家による直接統制を市場システムに置き換えることである．

　農家請負制は，農家が集団と請負契約を締結して集団所有農地を経営するものである．集団とは人民公社の解体前においては生産大隊または生産隊，解体後においてはそれらの経済部門の後身である合作経済組織（地区合作経済組織）である．改革前後の農業システムの概略を図7.1に示した．請負契約は農地の賃貸借だけでなく，集団は農地の受け手である農家が円滑な農業生産を実施できるように，優良種苗の供給，農業水利の運営，病虫害防除，農業生産資材の手配，農業技術普及などに関する事業など（合作サービス）を行うことが求められている．農家は農地の賃借料支払いのほかに，食糧[注1]などの供出義務，各種の負担金の納付，公共事業への無償労働の提供，産児制限を行うことが求められている．このように農家生産請負制度は，農地の受け手である農家群が行う営農システムと，経営地区合作経済組織が所有する農地の経営を農家に請け負わせるとともに合作サービスを提供することによって行う営農システムの二つの側面を有している．そのために農家請負制は「双層経営体制」とよばれる．

b.　食糧生産・流通システムの転換

　食糧生産・流通システムは，生産・流通量と価格のすべてを中央政府がコント

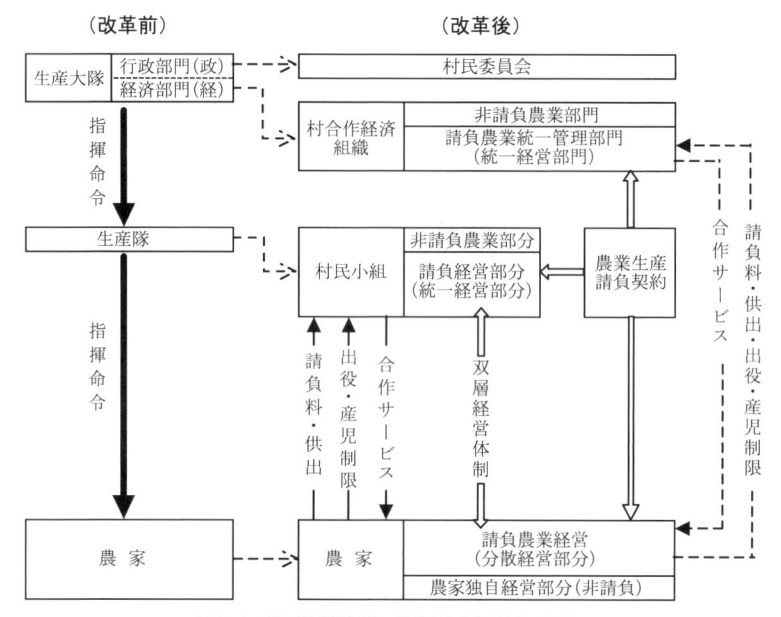

図 7.1 双層経営体制の概念図（文献1)を改変）

ロールし市場を通じた自由取引を極力抑える直接統制から，市場価格を基本とした保護価格，余剰食糧対策としての備蓄制度，保護対象作目数と対象数量の削減など政府による間接統制と市場化へと移行してきた．また，食糧・生産流通の目標は，都市住民への安価な食糧供給による都市消費者保護から，農業生産者保護を強めるものへと転換している（表 7.1）．

中国における食糧生産量は，1958〜60年の大躍進期の大幅な落ち込みを除き，上記の食糧流通政策を受けて，微減と増加を繰り返しながらおおむね増加傾向を示した．しかし，1990年代末から作付面積の減少と単収の停滞により総生産量は停滞している（図 7.2）．

c. 郷鎮企業の拡大と農村労働力の吸収

郷鎮企業は，農村集団経済組織または農村の郷・鎮・村[注2]に居住する農民による出資を主とし，郷鎮に立地して農業支援義務を負う各種の企業と定義されている(中華人民共和国郷鎮企業法，1996年)．郷鎮企業は79年以降，年率10％を越える成長を続け，工業総生産額に占めるその割合は79年の11.7％から92年の36.8％へと急成長している．1990年代末までの20年間に，農村経済に占める第一次産業の割合は70％から40％に低下し，郷鎮企業の発展に伴って多数の農村

7.1 中国

表 7.1 年代別にみた農家の営農行動に影響する食糧流通に関するおもな政策とその具体的内容
(寶劍, 2002; 池上, 1994 より作成)

流通類型	政策目的	年代	主要政策	具体的内容
直接統制	消費者保護	1978～84	農村制度・農業生産体制の改革, 流通政策調整	食糧買い付け価格の引き上げ, 生産責任制の導入, 食糧市場の復活, 野菜や豚, 卵, 水産物などの主要副食品の割当買付制度の廃止・ほぼ完全な流通自由化.
		1985～90	食糧契約買付制度の導入による食糧価格の「双軌制」複線型流通システム	食糧の統一買付制度の廃止, 契約買付制度の導入, 農産物自由市場と政府による直接統制市場の併存, 食糧卸売市場の建設, 食糧特別備蓄制度の創設, ただし統一販売制度は維持. 契約買付による販売奨励のため化学肥料と農業機械用ディーゼル油の優遇販売, 買付代金の前払い政策実施 (1987).
間接統制	生産者保護	1991～93	食糧統一買付・統一販売制度の改革, 「保量放価」政策	食糧価格の全面自由化 (都市住民に対する食糧・油糧配給制度価格の大幅引き上げと段階的廃止, 契約買付規模のみ指定し買付価格は自由化), だが食糧価格高騰により義務供出として契約買付が復活, 食糧リスク基金の設立.
		1994～95	省長食糧責任制の導入	広東省を中心とする経済発展地域における食糧減産による食糧価格の高騰を教訓に, 省長食糧責任制によって各省の食糧需給調整を各省の責任において管理することで省内の食糧需給の均衡化と市場の相対的安定化を目指す. 国有食糧企業経営における政策性業務と商業性業務の分化を実施.
		1996～98	「4つの分離・1つの完全化」, 「3つの政策・1つの改革」	農民の余剰食糧の保護価格による無制限買付, 国有食糧企業の「順ざや」での食糧販売, 食糧買付資金の他目的への流用禁止, 国有食糧企業の自主経営と独立採算性導入による政策と経営の分離, 商人・食糧加工企業による農村・農民からの直接買付禁止.
	生産者保護と自由化	1999～	消費地での食糧流通自由化促進, 間接コントロール強化	食糧消費地における食糧買付・販売価格の完全自由化, 食糧主産地における保護価格による買付の維持, 保護価格買付対象作物の縮小, 食糧備蓄制度の強化, 農村・農民からの直接買付の参入条件緩和.

＊: 用語・制度の説明

「双軌制」複線型流通システム: 政府が食糧流通の一部を行政的な手段によって直接管理して都市住民への食糧の安定供給を確保し, 残りの食糧は自由な市場流通に委ねることによって市場メカニズムによる需給調整を行うシステム.

保護価格 (1990年): 食糧増産による農民の食糧「販売難」を解消するため, 政府がコメ, コムギ, トウモロコシを無制限買い付けするためにもうけた市場価格より高い価格 (保護価格). 農業生産コストと食糧需給状況に基づき毎年1回確定される.

食糧特別備蓄制度 (1990年): 自然災害などに備えるとともに, 保護価格での買付と放出を通じて市場需給を間接制御する食糧備蓄. 対象は, コメ, コムギ, トウモロコシ.

「保量放価」政策 (1992年): 農家からの契約買付を安価な公定価格での義務供出でなく, 自由市場の買付価格による買付とし, 市場買付価格が保護価格を下回った場合は国営食糧企業が保護価格で買い付け, そして, 都市住民への配給価格は自由化するが, 市場販売価格が政府が定めた最高限度価格を上回った場合は国営食糧商店が配給量限度内で最高限度価格で販売する制度.

食糧リスク基金 (1993年): 保護価格での買付を行なった国有企業に対して保護価格と市場価格との価格差補塡を支出するための基金. 中央・地方政府の食糧価格支持・補塡・借款を減らした財政資金をあてて設立. 中央政府と地方政府で 1.5:1 の割合で基金を負担する.

省長食糧責任制 (1995年): 各省の食料需給に関して各省長の責任において問題が生じないように管理する制度のあり方の総称. 1994, 95年の東南地域における食糧減産と, それを起因とする食糧需給の不均衡による食糧価格の高騰, 特に沿海地域などの非農業部門が急速に発展する地域において食糧生産を維持させると同時に, 食糧消費地での需給緊迫を緩和できるよう, 政府による間接コントロール手段を強化することに力点が置かれている.

4つの分離・1つの完全化 (1998年): 1998年以降の食糧政策の基本方針. 食糧流通における政府 (政策) と企業 (経営) の分離, 中央政府と地方政府の責任の分離, 備蓄と経営の分離, 新旧の債務勘定の分離, そして食糧価格決定における市場メカニズムの強化.

3つの政策・1つの改革: 4つの分離・1つの完全化をさらに進めた政策原則. 農民の余剰食糧の保護価格による無制限買付, 国有食糧企業の順ざやでの食糧販売, 食糧買付資金の他目的への流用禁止, そして自主経営と独立採算性導入による国営食糧企業の改革.

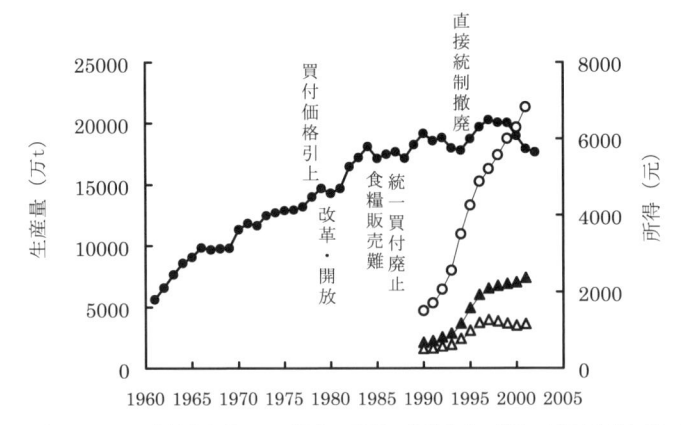

図 7.2 中国における水稲生産量および都市と農村の所得格差の推移（中国統計年鑑，FAO データより作成）
●：水稲生産量，○：都市住民可処分所得，▲：農家純収入，△：農業収入．

労働者が非農業分野に就労した．郷鎮企業への就労者は，農村における総就労人口の 30％を占める．農村住民の平均純所得の約 3 分の 1 が郷鎮企業での労働所得によるものであった．郷鎮企業の収益の一部は農村行政を通じて農村開発に振り向けられており，90 年代初におけるその規模は国家財政からの農村開発費にほぼ相当した．しかし，このような動きは一部の先進地に限られ，中西部の多くの地域では郷鎮企業の建設が緩慢で，東部の農村と中西部の農村との生活・所得格差が拡大し，都市と農村の格差とともに大きな社会・経済問題の一つとなっている．

d．農村改革によって起こった矛盾

農村改革は農民の生産意欲を向上させ農業収入が顕著に向上した．そして，1990 年代の農民収入の増加（図 7.2）は，おもに郷鎮企業の発展と兼業収入に依存していた．このような農業システムの変化の過程において，新しい矛盾が引き出されてきた．

農家請負制は，人口が多く農地が少ないという制約のもとで農地の均等な請負配分を基本として実施された．そのため，一戸あたりの農業経営規模は小さく，その経営耕地は小区画で分散しており，農業機械や水利施設などの効率的利用，合理的な作付体系の導入などが進まなかった．当初分配された請負農地の場所は固定され農家の請負権利保護のため農地の集積が進まず，小規模で高コストな農業生産が継続された．このような小規模農業経営は食糧の供給と小商品生産においてその役割を果たしたが，1 人あたりの所得は都市住民に比較して非常に低い

水準にとどまった．さらに，農業からの収入は1997年を境として低下している（図7.2）．

　農業から非農業への労働力の移転は農村における若くて知識を有する労働者に集中し，農村には高齢者と婦人および学歴の低い労働力が残された．農村における主要な労働力は非農業に従事しつつ勤務時間以外に農業に従事するが，農業労働経営者の素質の低下と絶対的な労働力の不足が農業生産の維持と拡大を難しくしている．非農業経済の発展は，地域農業システムの経済構造，産業構造，就業構造と収入構造を基本的に変化させた．農家請負制によって形成された小規模の営農システムでは兼業化が進み，農家収入の安定化に貢献した．この営農システムでは土地に対する投資が減少し，農業の精耕細作の程度も低くなり，耕地利用率は低下傾向にある．有機肥料の投入が年々減少するので土壌肥沃度が低下し，農業生産性の衰退の一因となっている．

　このように小規模農業経営における兼業化は，高いコストと低収益をもたらし，農業の持続・安定的な発展を大きく制限しており，農業停滞の根本的な原因になっている．

e．矛盾の解決の道——規模経営[註3]——

　上記の農業問題の原因の一つは，中国の農業経営が家族経営で規模が小さく効率が悪いことである．しかも，食糧に対する中国国内の消費需要は1990年代後半から伸びておらず，増産と高価格による農業収入の増加は期待できない．経営効率の向上を実現できるように，農業の構造調整を推進していく必要がある．土地利用型農業の経営規模拡大の推進，施設・労働集約型農業（畜産，野菜園芸，養殖など）の発展などの政策誘導である．

7.1.2　蘇南農業の現状と新しい農業システムの必要性

　蘇南地域は中国において最も経済発展した地域の一つで，それにはいくつかの有利な条件が整っていた．農村における多くの余剰労働力[註4]と低い農業生産効率が，郷鎮企業発展の原動力となった．中国最大の経済中心である上海に隣接しており，都市企業と知識や技術を共有できた．また，農村政府は，郷鎮企業に対して土地，資本，人材などの支援を行った．その結果，郷鎮企業は，蘇南地域の農村経済のおもな収入源になった．このような環境のもとでの蘇南地域における農業の規模経営の実践は，規模経営が農業の発展を促進することを証明した．1980年代以来，蘇南農村では，農家請負制の改善と産業構造の改善を実施しながら，

中国で最初の農業規模経営を進めた．新しい農業システム（郷鎮企業と連携した農業の規模経営）は，農村における雇用問題と所得問題の矛盾を解決した．

a. 蘇南地域の概要

蘇南地域は，江蘇省の東南部，江蘇太湖を中心とする長江三角洲の一部である．蘇州市，無錫市，常州市および12県からなる．太湖を中心に浅い皿形をした海抜2～5 mの沖積平原である．常州，湖州などに散在する海抜100 mほどの低い山と丘地を除いてすべて水田である．中緯度に位置し亜熱帯と暖温帯に分類される．総面積1.75万 km^2，耕地面積73.7万 ha，総人口1319万人（人口密度754人/km^2），農業人口971万人である（農業者1人あたり耕地面積7.6 a）（1992年）．この地域では多毛作が一般的で，耕地利用率は全国平均の1.15倍の約180％である（1990年）．年間の平均食糧生産量は534 kg/10 a（全国平均311 kg/10 a）で，そのうちわけは水稲74％，小麦21％，他の食糧作物5.5％となっている．播種面積の割合（1990年）は，水稲57％，小麦33％，他の作物10％であり，全国平均（同29％，28％，43％）に比べて水稲に偏った作付構成となっている．

b. 蘇南地域における農業システムの変化（農村の矛盾）

農家請負制の導入初期，蘇州，無錫，常州の3市（以下では簡単に「蘇錫常」と略すことがある）の食糧総産量は1980年からの3年間で11.8％高まった．また，農家請負制の全面的な採用は労働力の解放のもとで，郷鎮企業の発展を著しく促進した．1985年，蘇錫の2市の農村工業生産額は農村工農業総生産額の91.9％を占め，非農就業者は農村総労働力の57.4％であった．兼業農家は，郷鎮企業からの給料収入に加え，家族の労働力と非農業就業者の余暇時間を十分に利用し，政府に売り渡す食糧を生産するとともに自家消費する基本生活資材を生産し家計支出を抑制した．その結果，1990年，蘇錫常の3市での農村の兼業農家数は総農家の95.5％を占め，農外収入をおもな収入源とする農家は総農家数の53.9％を占めるようになった．

農外収入への依存と農業収入の低下[註5]に伴い，兼業農業は現代農業発展の障害となってきた．兼業農家における耕作管理の粗放化，栽培技術レベルの退化[註6]，農業労働力の質的低下[註7]，農業への資本投資の減少[註8]などである．

c. 規模経営の必要性

蘇南地域における郷鎮企業の持続的な発展は，この地域の農業システムを基本的に変化させた．農家請負制のもとにおける農家の兼業化は，農業生産基礎基盤の弱体化と農業生産水準の低下をもたらした．農業の規模経営は，農村工業労働

者を農地から切り離し，土地生産資源を集中することで適度な農業の規模化と専門化を進展させることである．

1988年，蘇錫常における1人1日あたり農業純収入が9.9元（1 haあたり農業純収入3135元，労働日数315日人）であるのに対して，郷鎮企業の労働者の1人1日あたりの給料は6.3元（平均年収1850元，労働日数300日）であった．しかし，農業従事者の平均経営耕地面積は0.21 haであるため，年純収入は647.9元となる．食糧の販売単価が倍増しコストが変わらないとしても，農業労働者の年収は1395.8元でしかない．このように，小規模な経営耕地面積が年間の農業労働時間の制限を介して農民の年収を低水準なものとし，農業生産意欲の低下をもたらしていると考えられる．逆にいえば，農業の適度な規模経営は，農業労働者に年間の労働を確保し，工業労働者の収入に相当する収入を保証する．

7.1.3 蘇南農業における新しい農業システムの発展
a. 農業規模経営の発展段階

① 自然発生的な探索段階（1984〜86）： 1984年，蘇州と無錫の農村で農家間での土地請負の無償譲渡が自発的におこった．その後，一部の農村で組織的な土地請負譲渡が行われた．このような請負譲渡は，耕作に不便な遠隔地や洪水常習低地から始まった．兼業化が進むなかで，集積された耕地の耕作は農家の共同作業や雇用労働によって実施された．その時の指導思想は，農村の耕地を荒廃させないで国家への食糧供給を達成することである．

② 模範になる重要な段階（1987〜91年）： 1987年，中国政府は，蘇南地域の無錫，呉県と常塾の3市県で，適切な規模の農業経営を主目的とする江蘇省農業現代化実験区を設置した．そこでは，兼業化がさらに進んだ段階を対象に集団の指導下での耕地の請負制の調整による最適な農業規模方式の探索実験が行われた．

③ 全面的に拡大する段階（1992年〜）： 土地規模経営の主体が，農家から村で運営する農場へと変わり規模経営の経営面積を増大してきた（表7.2）．この段階では，郷鎮企業と第3次産業の発展に伴い非農業への就業機会を増加させ，農業基盤と農業サービス体系の建設を強めた（農業サービスの詳細は次節で解説している）．そして，規模経営の運営に必要な諸条件を整備し，規模経営の自立経営力を高めた．

b. 規模経営の概況

規模経営は，経済発展した蘇州市，無錫市と常州市の一部の農村に集中してい

表7.2 無錫県での農業規模経営の発展事例

	1991年	1992年	備 考*
規模経営単位数	527	1264	737
（うち，村が経営する農場数）	95	585	490
総経営面積（ha）	1677	6210	4533
（うち，村の農場の総経営面積）	627	3987	3360
平均経営規模（ha）	3.2	4.9	6.2
（村の農場の平均経営規模）	6.6	6.8	6.9

*：1992年に設立された規模経営についての数値．

る．他の地域では，規模経営の経営面積が小さい．1990年，蘇南農村における労働者1人あたり経営面積1ha以上の規模経営は総数4255戸，経営総面積は8700ha（耕地の集積率1.2％）である．そのうち，蘇州市，無錫市と常州市の規模経営数は3465戸で，これらで蘇南地域の規模経営単位数の81.4％を占め，その規模経営の総耕地面積は8000haである．農業経営単位の最大規模は47haで，労働者1人あたりの最大経営規模は8.7haである．蘇州市の農業規模経営単位の平均規模は3.4ha，労働者1人あたりの経営規模は1.2haとなっている．

農業規模経営において集積された耕地は，中～低収量の水田と交通が不便で地勢が低い湖沼地帯に開いた水田である．これらの土地規模経営の面積は土地規模経営総面積の65％を占めている．規模経営の形態は，農家による個人経営の農場，村が経営する農場，農家群による共同経営の農場，労働雇用型の個人経営の農場，企業が経営する農場である．蘇南地域の1人あたり平均1ha以上の規模経営における5形態の構造比率は，70％，22％，2％，1.5％そして4.5％である．蘇南地域の規模経営は，社会環境と自然条件から水稲と小麦を対象とする食糧生産が主体である．規模経営による資金，労働力や農業機械などの利用率の向上の効果は，農業収入の20％に相当している．

c. 規模経営による経営内容の改善

江蘇省農業現代化実験区は，無錫，呉県と常熟の3市県において経営内容の異なる90件の規模経営を対象に1988年から91年まで追跡調査を実施した．その結果，経営規模の拡大と適切な経営のもとで，労働生産性，土地生産性，農産品商品化率および農家経済収入が高まることが明らかとなった．労働者1人あたり経営規模は1.2ha，同食糧年生産量は13tで村内兼業農家の15.8倍であった．3年間で単位面積あたり収量は15％増加し，同収量は村内兼業農家の肥沃度の高い耕地における単位面積あたり収量と同等かそれ以上であった．また，豊作年には規

模経営の単位面積あたり収量は兼業農家のそれより大幅に増加し，凶作年には兼業農家に比較して減収の程度が小さかった．ほぼすべての規模経営で義務供出を超過達成し，1988，89，90年における食糧商品率はそれぞれ82.1，86.9，87.6％であった（1993年の全国平均は33.7％である）．そして，蘇南地域における農業規模経営の実践は，小面積の土地兼業時代には想像できない高収益をもたらした．経営規模の拡大，単収の向上，そして低コスト化によって，1990年の規模経営における労働者1人あたりの年純収入は4587.6元となり，工業従事労働者の年収入の146％に相当している．

7.1.4 規模経営発展の遅滞原因とその対策

a. 規模経営の停滞

均田制と農外収入を特徴とする安定した兼業経営が一般的な状況では，農業規模経営の普及がなかなか進まない（蘇南地域での耕地集積率1.2％）．潜在的な耕地の出し手である兼業農家は，両田制[注9]において口糧田と責任田もしくは口糧田のみを耕作し食糧と生活に必要な物資を生産する．彼らにとって農地は，郷鎮企業を解雇された時の最後の保険と考えられ，労働者を雇用してでも耕作することで農地を保有し続ける．一方，潜在的な農地の受け手である農家は，規模経営へ移行する必要条件[注10]の公的整備の不十分さと自己資本の不足を懸念する．蘇，錫，常の3都市では，口糧田と責任田を譲渡しない農家は50％，責任田は譲渡するが口糧田を保有する農家は38％，請負田を耕作したくない農家は7％を占める．一方，請負田の面積を拡大したい農家は2％でしかなかった（1987年）．

b. 規模経営発展のための必要条件

規模経営の実現には，農業労働者の非農業部門への就労推進とともに農業サービス体系の完備が必要である．多くの生産資材（種苗，肥料，農具，飼料など）を自前で準備していた農家は，農業サービス（種子業，化学肥料業，農薬業，農業機械，修理業，飼料業など）から良質な生産資材の提供を受けることができる．そして，耕起，播種，殺虫殺菌と除草などに関する新しい科学的な栽培管理技術サービスを受けることができる．その結果，農家は昔からの肉体重労働から解放され，農家は頭脳労働型の経営管理者に変わってきた．さらに，農業生産物の流通（貯蔵，加工・販売）についても合作社や企業のサービスを受けることができる．農業サービスの完備は，農作業を省力化し農村労働者により多くの農外就業機会を提供し，農地の集中と規模経営の拡大のプロセスを加速した．このように

農業サービスの形成と発展は，地域農業システムを大きく変化させた．

c. 蘇南における農業サービス組織の形式と運営方法

蘇南農村における経済の不均衡な発展と政策などの差異が，蘇南での農業サービスの組織形式と運営方法に分化をもたらしている（表7.3）．多様な農業サービスの方式は，蘇南地方での町と村の間での経済発展の程度の違いを反映しており，それぞれの農業生産の実状に適応している．しかし，農業サービスの提供が食糧生産を続けたい小規模兼業農家の栽培管理を手助けすることで，これら小規模兼業農家層の温存につながるならば農地集積が進まない．農業規模経営の発展と食糧商品化に影響するだけでなく，農業サービス組織の利益にも影響する．だから，農業サービス組織の建設は必ず規模経営につながる土地制度と連動しなければならない．

7.1.5 農業の規模経営と農業機械化

蘇南での規模経営は農家の非農業化に伴う非農業経済の発展のために不可欠で，規模経営の発展のためには農業生産力を高めなければならない．多量の農業労働力を投入することで土地生産性を高めることは，非農業経済の発展という社会的目的に一致しない．規模経営において農業生産力を高めるためには，農業機械化が必要である．蘇南農業の規模経営はこの方式を選んだ．

a. 蘇南における規模経営による農業機械化の促進

農業機械化は農業の規模経営を促進することに役に立つが，逆に，農業規模経営は農業機械化の普及と発展にも役に立つ．まず，農業規模経営は多くの農業労働力を非農業産業に移転し，農業機械化を推進する力になる．蘇南地域では，過去に農業機械化を試みたが，多くの農業労働力を抱えた小規模な農業経営では農業機械化を推進できなかった．農業労働力の不足が，唯一，農業機械化を促進する．兼業化に伴う農業労働力の減少と老齢化によって増加している雇用労力に依存する農業経営は労賃の上昇につれて生産コストが高くなるため，農業機械化がさらに求められる．しかし，合作サービスにおける農業機械装備には多額の投資が必要である．規模経営は非農業生産の発展を促進し，非農産業経済の増強は農業機械化の推進のための経済的基礎を提供した．第八次5カ年計画期（1991〜95年）において，無錫市は農業に約20億元を投入したが，そのうちの13.4億元を郷鎮企業が提供した．そして，農業機械化の発展のためには，農業機械製造業の発展と規模経営に適応した農業機械の性能向上が不可欠である．

7.1 中国

表 7.3 蘇南における農業サービス組織の類型とその特徴

類型	地域	組織形式	経営方式	長所	問題点
実体サービス基礎型	集団経済基礎が強く、集経約経営レベルが高い、町に多い。	町・村合作経済組織が、機械耕作、農業技術者、植物保護、灌漑水管理などの専門サービスを組織し、メンバーは農繁期に農業サービスを実施し、農閑期は運送業や工業企業の仕事に従事する。	組織の設備は町・村が投資し、グループ計算で総合的な経営を行う。収入は非農業への従事による収入、販売収入と集団からの補助である。	この経営形式は基本的に企業化経営の手段を採用し、給料は非農業企業に従事する社員には相当する。	設立時のサービス設備への投資が大きい。サービスの提供に対してサービスの100％の利用料を徴収していない。
農工一体生産チーム型	集団工業がよく発展した町と村に存在する。	町・村の合作経済組織が、農業サービス員を経済実力が強い優良企業に配置し、農業と工業の一体化された生産チームとして働く。	農業機械の購買、農業基盤整備の費用・維持費用および農業サービス員の給料とボーナスは一般的に村農業サービスチームへの支払う。農業サービスチームの厳しい審査を実行する。	設備が完備され、高水準のサービスを提供する。農業サービス員は優良企業に編入されており、収入も安定しており農業サービスに専念できる。	農業サービスの建設資金が膨大で、企業負担では経済的負担が重すぎ、独立経営が困難である。
専門サービス型（農業総合的なサービスセンター）	農業の収入が多くなく、集団の経済が強い町と村に存在する。	町・村の合作経済組織は農業サービス所に優れた人を選んで収穫までの農業活動のサービスの責任を負う。	無料サービス型：設備および農業サービスの給料などはすべて集団が支払う。有料サービス型：設備の初期投資について自分で損益を負担。集団が負担、サービス員の給料はすべて村労働者の標準給料に連動する。	農業生産のおもな過程を組み合わせ、播種から収穫までのサービスを請負う場合もある。耕地基盤の整備や公益事業の建設など総合的なサービスを行うことで効率を高める。	このサービス形態は、組織の専門化や集約化の発展が困難である。
個別作業サービス型	集団の経済が弱く、非農業産業が発展していない町・村。	村の合作経済組織と個人の農業機械具を集めて統一管理する。土地耕作、植物保護、灌漑水管理など季節性の強い個々の作業のサービスの引き受ける。	個別作業の対象面積が広いので農家との契約形式で対象面積を限定し、統一の標準費用を定めて、農家にサービスを提供する。	契約に伴い計画的な農業機械器具の利用が可能になる。	個人の機械農具の使用量が一定しないので、機械農具の稼働率が低い。
農家の協力サービス型	集団の経済力が弱く、農業の比率が高い町・村。	町・村の経済が未発達なので、種苗家や養豚業を所有する個人が主体となって農家への協力サービスを行う。	農家の自身の利益関係を基にして、耕起、種苗、運送などサービス内容において、口頭協約でサービスを行ない、合理的な費用を徴収する。	集団サービスの空白地域を補完する。農家自身を利用して協作サービスで対応を要する問題を解決する。	このタイプは農家の投資能力が低いので、サービス集団数が限られ、すべての村において実施できない。

b. 土地制度の改革による土地主業経営の請負制度の建立

均等配分を基本とする土地請負制度は農業機械化の発展を著しく制限している．蘇南農村発展の現状から判断して，蘇南土地制度の改革は土地集団所有制のもとで土地主業（食糧生産）経営請負制度を実行すべきである．すなわち，農業土地の請負を，主業（食糧生産）を行う農村労働者に限定する．土地主業経営の請負制度の実施は，農村非農産業の発展につれて規模経営の成長を保証し，結果的に農業機械化を促進するのである．

さらに学習を進めるために

中国全般の農業・農村分析では，河原昌一郎の『中国の農業と農村—歴史・現状・変化の胎動—』（農文協, 1999）が詳しい．中国統計では，中華人民共和国国家統計局ホームページ（http://www.stats.gov.cn/）が英文表記もあり便利である．
〔丁　艶峰・李　昆志・曹　衛星〕

註1：「食糧」は中国特有の定義で，コメ，コムギ，トウモロコシ，コウリャン，アワ，その他雑穀，マメ類，イモ類（ジャガイモ，サツマイモ）を含む．食糧生産量の統計では，1963年以前は生イモ4 kgを食糧1 kgに，64年以降は同5 kgを食糧1 kgに換算する．

註2：中国の地方行政組織は省・直轄市・自治区→県→郷・鎮となっており，郷・鎮の下に行政組織に相当しない村があり，住民の自治組織である村民委員会が設置されている．

註3：農業経営規模が非常に小さいことから，農家の収益性向上のために一部の農家に土地を集中し適正な規模での農業経営を行うことを進めている．双層経営体制が持っている農地管理機能を活用することによる規模経営の育成機能に着目したものである．

註4：蘇州5県の調査（1986年）によると，耕地1 haあたり年間必要労働日数は495日・人である．蘇南地域の耕地73.7万haに必要な労働力は203万人（年間労働日数180日）で，総農業人口971万人の約79％が余剰労働とみなされる．

註5：年間3000～4000元あるいはもっと高い工商業の収入に比べて，年間400～500元の農業収入はほんのわずかである．

註6：中国伝統の精耕細作が徐々になくなり，堆きゅう肥の施用が減少して土壌の理化学性が悪化してきた．1980年からの10年間で，蘇錫常の3市における農業機械の総動力は132％高くなったが，機械での収穫面積は逆に18％減少した．

註7：若い労働者は高い収入の穫得のため，農外へ就業し，農業労働者は老年，女性と低学歴者が中心となった．

註8：小規模の兼業経営では農業への投資が低下する．農家の長期投資の積極性も低下した．蘇州市の農村工業総生産額は，1990年に276.63億元（対1976年比900％），農家1人あたり平均収入は1563元（同730％）となったが，農業への投資額は同165％にとどまっている．

註9：両田制とは，農家の自給食糧や自家野菜を栽培する「口糧田」と，国家や市場に販売する食糧などを栽培する「責任田」に区分して耕地を請負配分する方式のこと．口糧田はかつての自留地に通じるもので農家の人数割りで配分される．責任田は農家の労働人数割りで配分され，請負料の納付義務がある．
註10：必要条件として，①機械化，農業サービス，農田基本建設など．②集積耕地の利用権設定．③生産資材価格の安定化．④各種の税制．⑤郷鎮企業から農業への資金援助システムの完備が指摘されている．

引 用 文 献

1) 白石和良：農業総合研究，48：1-73，1994．
2) 寳劔久俊：開発途上国の農産物流通―アフリカとアジアの経験―（高根　務編），2002．
3) 池上彰英：農業総合研究，48：1-52，1994．

7.2 タイの天水田

7.2.1 天水田稲作システム

現在世界の稲作面積のおよそ半分では灌漑がなされず，そこに降る雨に依存して稲作が行われている．灌漑を前提としない水田を天水田といい，そこでなされる稲作を天水田稲作（rain-fed rice cultivation）という．灌漑のなされない理由は，水路などの施設建設の資金や労力の不足ということもあろうが，最大の理由は付近に適切な水源が得られないことによる．

タイは世界最大の米輸出国ではあるが，主作期である雨期作の平均収量は 2.1 t/ha（1984 年から 2000 年）と決して高いものではない[1]．その原因は国の稲作面積の半分を占める東北部（東北タイ）の水田のほとんどが，天水田であることによる．東北タイの水田面積は約 600 万 ha（1995 年）であるが，灌漑が可能となっているのはわずかに 13％にすぎない．このようなことで平均的な作付面積は 500 万 ha ほどにとどまっている[2]．

a. 東北タイにおける天水田の成立

この地域の水田のほとんどが天水田である原因は，その地形の成り立ちに由来している．中生代に安定的な大陸塊の一部であったこの地域は，新生代のヒマラヤの形成に伴い東南アジア北部に山岳が形成されていったのにひきかえ，平坦な地形を保ち続けた．この結果まわりを山脈に取り囲まれた標高 150 から 200 m の平原台地が形成された．これをコラート高原という．現在同地域には，南部を東へ流れるムン川が中部を東へ流れるチー川を合わせてラオスとの国境となってい

るメコン川に注いでいる．これらの河川は台地を削るように流れ，堆積作用を及ぼす範囲がきわめて小さい．一方このような地形は気候にも影響を与えている．東北タイが中央に位置するインドシナ半島は，熱帯モンスーン気候下にあり，夏は南西季節風がインド洋から雨を運び，冬は北東の季節風が南シナ海から雨を運ぶが，これはいずれも東北タイの東西にある山脈に阻まれてその近辺に雨を降らす．このために同地域の降雨量は少ない．東北タイの中央に位置するコンケン市の平均降雨量は 1200 mm で，そのほとんどが 4 月中旬から 10 月中旬の雨期の間に降る．

このようにあまりにも平坦な地形と，利用しやすい水源に乏しい同地域では，ほとんどの水田は天水田にならざるを得ない．灌漑の専門家の見積もりでも，将来にわたってのこの地域の灌漑が可能な面積はほとんど 10％にすぎないとされている．さらにこのような地形形成の作用の結果，長い年月の間，高温多雨によって土壌は強く風化し，栄養分に乏しい．

b. 開田の歴史

この地域には紀元前一千年紀から稲作がなされていたことがわかっている．けれどもその範囲は 19 世紀まではきわめて小さく，平原の中に散在する沼のまわりや浅い谷間の底といった低位部に限られていた．天水田であっても水条件に恵まれ，比較的安定的な生産が可能であった．さらに小渓谷の流域ではタムノップと呼ばれる方式によって灌漑もなされていた[3]．現在のように水田が一面に広がったのは 1930 年代以降である．1930 年代前半までのこの地域の収量は中部タイとほとんど同じであったが，開田が進むに連れて低下していった[4]．

c. 稲作の基本的な特徴

天水田稲作の基本的な性格は，栽培暦とイネの生育および生産が，降雨の分布と量，並びにこれを受ける水田の湛水能力によって強く規定されることにある．水田の湛水能力はその筆の立地する地形によって決定される．同時に立地条件はその筆の土性や肥沃度を規定し，結果として生産にも影響することになる．このことを，1980 年代に行われた東北タイの典型的な天水田農村（ドンデーン村，コンケン市の近郊）の研究結果をもとに説明しよう．この時点は耕うん機などの機械化や化学肥料の導入が一般化する直前にあたり，伝統的な稲作の姿がよく残っていた時期である．この村は先述のチー川の氾濫原から丘陵部にかけて水田を持ち，各筆は数十から百 ha の規模のノングと呼ばれる浅い皿状の地形の上に立地している．ノング内の位置によって水田を低位田，中位田，高位田のように区分

することができる．最高位の田と低位の田との間の標高差は 1.5 から 2 m に過ぎないが，このわずかな差が持つ大きな意味を理解することが天水田を知るうえできわめて重要である．

(1) 移植までの過程

4月中旬から雨期のはじめの雨が降り出すが，本格的な降雨は5ないし6月で，この時期に一度犁を水牛にひかせて1回目の耕起を行い雑草をすきこむ．同時に苗代作りと播種がなされる．苗代は大雨による水没をおそれて排水のよい中位田か高位田で，しかも乾燥を避けて樹木の陰になる場所などに設けられる．播種量は灌漑地域に比べると著しく低い．これは，後に述べるように移植までの期間が予測できないことから，長期の育苗期間への対策であると考えられる．

7月から8月が移植の季節であるが，その年の降雨分布によって移植始めから終わりは大きく変化する．移植に先立ち2回目の耕起，耙による代かきが続けて行われる．並行して苗取りが行われ，せん葉，苗運び，苗配りの後，田植えが行われる．栽植密度は平均12株/m²．低位田では疎植で高位田では密植となる．

(2) 降雨と作付率

移植は最も早くから湛水が始まる低位田から開始され，降雨に合わせて順次中位田，高位田のように進んでいく．このような作業の進行はまったくといっていいほど雨の降り方に左右されている．毎日の降雨量とその日の作業の進捗面積とを対照した結果，まとまった雨のあった後に急に苗代播種，耕起，田植といった作業が盛んとなり，次の降雨まで徐々に減衰していくようすがはっきりと示された．降雨不足の年には10月上旬まで田植が遅延することもある．

このような日々の降雨量と田植え面積との関係から，天水田地域の作付率を推定することが可能となる．たとえば 1976 年では 4 月から 9 月までの降雨量は 725.5 mm であり，作付率は 48％に過ぎなかったことが推測される．

図 7.3 は毎年の作柄調査の結果から得られたドンデーン村の作付率と降雨量の変化を示したものであるが，1990年頃までは作付率は毎年はなはだしく変動し，しかも降雨量と作付率の変化は並行関係にあることがわかる．

(3) 品種と作期

作期の始まりである移植時期は，各筆の立地条件と降雨によって決まるが，終わりである収穫期は出穂後ほぼ30日であるので，品種の出穂特性によって決まることになる．ドンデーン村では数十の品種名を数えることができたが，出穂特性からは早生，中生，晩生，極晩生の4群に分けることができる．いずれも強い感

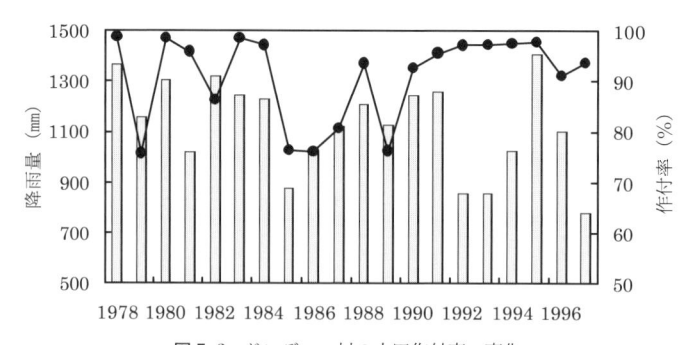

図7.3　ドンデーン村の水田作付率の変化
降雨量はコンケン市の4月から10月までの観測値．折れ線グラフは作付率，棒グラフは降雨量を示す．

光性を持ち，移植の時期にかかわらずその出穂期はおのおの10月上旬，10月下旬，11月中旬，12月上旬のようである．なお同村の陸稲の出穂期は9月下旬であった．

このような出穂期の異なる品種群は，筆の立地する地形に応じて使い分けられる．高位田へは早生，中生が作付けされ，低位田では晩生が作付けされる．これは立地に対応する水条件に合わせたもので，高位田では雨期が終わる10月中旬以降には乾燥が著しく進むため，この時期以降に出穂する品種を作付けすることはできない．一方低位田には遅くまで水が滞留するために，晩生であることが生産上も作業の利便性からも望ましい．したがって田植えとは反対に，稲刈りは高位田から低位田へと11月の上旬から1月上旬まで進行することになる．

(4)　生育と収量

ドンデーン村の筆ごとの作柄を集計した結果によれば，不作付け，収穫不能，不良，良のように評価される筆が毎年みられ，しかもその出現程度が年次により著しく変化することがわかる（図7.4）．観察期間中の平均的な面積は不作付け筆9.2％，収穫不能筆16.5％，不良筆17.9％，良筆56.4％であったが，1978および80年のように収穫不能筆が90％に達した年もあった（洪水のため）．また1984，85年のように不作付け筆が24％発生した年もあった（干ばつのため）．農家ごとに調査した収量の変化をみても，年次間の変化は著しく，また各年度の変異の程度が著しい（図7.5）．期間中の平均値は1.0 t/haであったが最低値の0.1 t/ha（1978，80年）から最高値の2.4 t/ha（1992年）のように20倍以上の差がある．また単年度の実測調査の結果でも平均籾重181.6 g/m^{2}に対し最小値32.9，最

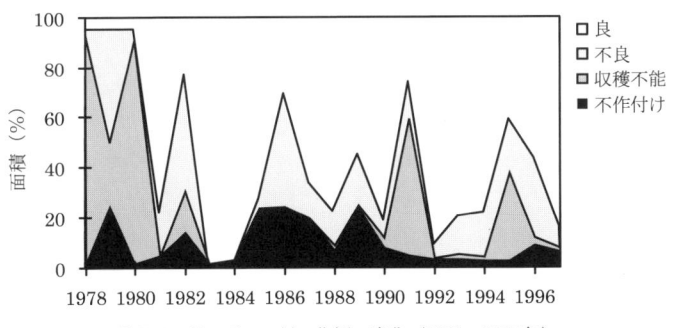

図7.4 ドンデーン村の作柄の変化（1978〜1997年）

大値 $562.8\,\mathrm{g/m^2}$ が得られていて（1981年，215筆調査），その差は17倍に達している．

このように天水田稲作の特徴の一つがある年度をとってみたときの筆間の違いの大きさにあるといえる．同時にもう一つの特徴が，作柄の構成が年々著しく変化することにある．すなわち平年作という概念がないといってよいだろう．これが天水田稲作の不安定性の実態である．筆間の差異は干ばつ年では著しく，高位田は明らかに低位田よりも収量は劣る．多雨年では，洪水が起こらない限りは立地条件間の差はほとんどないといってよい．洪水が発生すると低位田は収穫不能となり，中位田も被害を受けて収穫不能か不良となる．逆に高位田の収量は良好である．

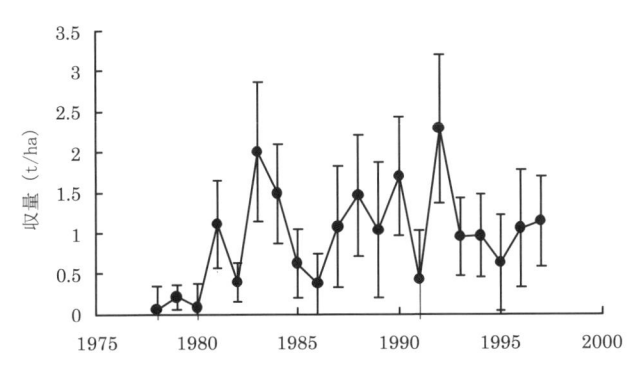

図7.5 収量の農家間平均値の推移（1978〜1997年）
範囲は標準偏差．収量は面積既知のおよそ200世帯の水田からの籾生産量の聞き取り値から求めた．

d. 天水田稲作の経営

ドンデーン村を例にすると，平均的な5人家族の世帯では米消費量と種籾とを含めると年間籾1880 kgが必要とされている．これを平均的な耕作面積2.8 haから得るためには672 kg/haの収量水準を上回ればよい．これらの数値は1980年代前半の見積もりであるが，当時の実際の収量値は11年間のうち3年のみがこれを上回ったにすぎなかった．したがってこの村の天水田稲作は自給量を確保するのがやっと，といった水準であることは間違いなく，ごくまれに米倉容量を超える分が販売されるにすぎない．不足分は他の農業部門の売り上げか，非農業部門からの収入（出稼ぎなど）によって購入せざるを得ない．こういった事情は東北タイの大部分に共通している[5,6]．

7.2.2 天水田農業システム

天水田を営む農民は，微妙な立地条件に応じた品種配置などで，強大な環境ストレスをいくらかでも緩和しようとしてきたが，結果的には前述のように大きな生産変動から免れていない．このような環境下では稲作以外の部門も積極的に展開する必要がある．

ドンデーン村の例でみると，人口が少なかった時代には高位田までは開田されておらず，そこには焼畑によって自給用のワタなどが作られた．開田が進むにつれて焼畑用地は縮小し同時に作物も商品作物のケナフに変わった．その後価格のよいキャッサバやサトウキビに転換した．東北タイ全体でもキャッサバやケナフのほか，タバコ，ゴマ，ラッカセイ，最近ではユーカリやゴムが有力な作物である．稲作では得られない現金をこれによって確保しようとしているのである．

ドンデーン村では周年水利用が可能な小川（池）があるという立地条件から、野菜栽培が盛んであり，これが重要な現金収入源となっている．1960年代から80年代はトウガラシが主要産物であったが，現在はバジル類に変わってきた．他の地方では水田を利用した雨期作後のシャロットやダイズ栽培もみられる．また疎林や草地で放牧する水牛や牛のほか，野生の小動物や昆虫類，河川湖沼の魚類，野生の有用植物類，キノコ類も主要な収入源であるのみならず，飢饉の際の米との交換財や救荒食として用いられてきた．近年ではアヒル，魚，食用コオロギの養殖も行われる．

低収かつ不安定な米生産は農村社会にも地主小作制度の成立を阻み，その一方で親子兄弟間の共同耕作共同消費という独特のシステムを発達させてきた[6,7]．こ

の共同によって実質の経営面積を拡大することができ，したがって多様な立地条件の水田を包含することにより危険分散を計ることができる．

7.2.3 天水田稲作と農業の変容

1980年代後半からの急速なタイの経済成長は，天水田稲作地帯にも大きな影響を与えてきた．農村においても現金需要が高まるとともに，現金収入を求めての労働力の流出が発生した．これに続いて稲作への投資がみられるようになってきた．

a. 直播の拡大

1980年代初頭にはほとんどみられなかった直播栽培は，90年代前半では東北タイ全体で作付面積の24％にまで増加した．ドンデーン村では2002年の直播面積率は75％まで達している．ほとんどが乾田直播で，水路近傍に限り潤土直播も増えている．乾田直播は降雨に作付けを左右されないメリットが大きい．また機械力による耕うんと組み合わせた結果，短時間での作付けが可能となって労働力の節約効果が大きい．高度経済成長に続くバブルの崩壊で農村へ労働力が戻る傾向がみられたものの，ドンデーン村のような県庁所在都市近郊で在村のまま通勤可能な村では農業労働力は戻らず，また物価の上昇によって苗取り田植の雇用にかかる経費が膨大なものになっている．このことが直播面積を高い値に保ち続けているといえる．

b. 機械化，施肥，品種変化

上述のような経済成長により，農業機械や化学肥料の購入が容易になってきた．ドンデーン村の場合，耕起に用いる耕うん機やトラクターの利用農家数は88％，化学肥料では90％となり，殺虫剤の使用率も35％へと増加している（1999年）．また河川からの揚水灌漑が行われるようになってきている．ただし農家は用水費用節約のため，作付け時の代かき用水としての利用に限定する傾向が強い．機械化，施肥の導入と歩を合わせるように，それまではほとんど作付けがみられなかった品種RD 6が急激に作付面積を増やし，既存の品種を駆逐した．これは1977年に普及に移されたもち品種で，感光性があり従来の中生品種群に属する．在来の他品種に比べてやや穂数型だが長稈であるため倒伏しやすい．農民によればこの品種の長所は第一に良食味であり，朝蒸しても夕方まで柔らかく食べられる点を強調する．これにくわえて"ほどほどの"耐肥性が，20 kg/haほどの平均窒素施肥量に応じた収量をもたらしており，この点でも時代に適した品種である．

一方うるち品種では Khao Dawk Mali 105 の作付けの増加が著しい．この品種の香りが評価されて海外からも引き合いがあり，商品米としての地位を確立した．従来からうるち米の価格はもち米よりも高く，商品化の可能性は高かった．降雨の比較的安定な東北タイ東部では施肥の導入により収量水準が上昇した結果，自給用のもち米栽培にあてる面積を減らすことができるようになり，うるち品種の作付けが拡大した．北部中部のもち米，南部のうるち米というかつての東北タイの品種分布図は変化したが，降雨の不安定な中部から西部では，このような動きは乏しい．

c. 生産の変化

以上のような栽培技術と環境の変化は収量の向上や生産の安定に必ずしも直接に反映していない．図7.5にみられるように80年代後半以降であっても収量の変動は著しく農家間の差異も依然として大きい．また平均値が上昇していく傾向もはっきりと読み取ることはできない．ところで図7.3をみるとこの村の作付率は1990年頃からほぼ90％以上を維持しており，それまでみられた降雨との並行関係が消失している．直播の拡大や，補助灌漑によって作付率の確保が可能になった結果である．けれども生育については依然として自然環境の強い支配を受けているのである．図7.4において，収穫不能の面積が高い割合で発生しているのは9月の洪水によって冠水死したことの結果である．1978および80年は歴史的な大洪水の年であったが，91および95年も洪水害を受けた．このような収穫不能田や不作付け田を除く作付面積あたりの収量では，80年代後半以降には0.5 t/ha以下の値がみられなくなってきていて，このようなところに施肥や補助灌漑，新品種の効果が現れているといえる．けれども洪水の発生は予測不能であって，いったん起これば壊滅的被害は避けられず，したがって投資リスクの頻度はかえって増大しているとみることができる．また直播の普及は雑草の発生を招いており，特に水の不足がちな高位田ではイネの収量を著しく低下させている．近年の新しい技術導入は収量水準に関しては相矛盾する効果をもたらし，このことが投入効果を不確実なものにしている．

7.2.4 天水田農業の変容

経営的にみると天水田を基調とした農家の農業部門の収入比率は低下してきた．農業部門内部においても，上述のような多様化がみられる．近年の傾向としては稲作における省力的技術の普及の結果，従来のサトウキビやキャッサバの作

付けに代わって水稲作付面積が増える傾向にある．これは一方では世界的な糖価の低迷やキャッサバ加工品（飼料）のおもな輸出先であった EU の域外農産物輸入制限の影響を被っているものでもある．天水田農業では中心となる稲作が自給的であるために，ともすればローカルな性格を思い描きがちであるが，実際はグローバルなネットワークの中にあることを認識せねばならない．

さらに学習を進めるために

ドンデーン村の伝統的な稲作の画像は http://www.gifu‑u.ac.jp/~miya/isanricehtml/isanricecul.htm に掲載しているので，天水田稲作の実際を知ることができる．アジアの天水田稲作の分布地図が国際イネ研究所のホームページ http://www.irri.org/の中の Rice Knowledge Bank のページの内の GIS Maps のページに掲載されている．アジアの稲作地帯における各種の水利様式については『イネのアジア史1』（渡部忠世編，小学館）の中に海田能宏によって解説されている．第2，3巻も併せて読めば，アジアの稲作全般に対する理解をいっそう深めることができよう． 〔宮川修一〕

引用文献

1) *Thailand in figures* 2002‑2003, pp.362–377, Alpha Research, 2003.
2) Center for Agricultural Information：*Agricultural statistics of Thailand crop year 1996/97*, p.309, Ministry of Agriculture & Co‑operatives, 1998.
3) Fukui, H., Chumphon, N. and Hoshikawa, K.：*Global Environ. Res.*, **3**：145–154, 2000．
4) 長谷川善彦：タイ農業が警告する，pp.84–90，農山漁村文化協会，1992．
5) 福井捷朗：ドンデーン一村 東北タイの農業生態，p.515，創文社，1988．
6) 口羽益生編：ドンデーン村の伝統構造とその変容，p.564，創文社，1990．
7) 水野浩一：タイ農村の社会組織，p.347，創文社，1981．

7.3 野　　菜

野菜の栽培システムは，ホームガーデンや焼畑での主作物との混作にみられるような自給的なシステムと，本格的な産地形成を伴う商品作物生産システムとがある．本稿では，東南アジア大陸部の事例を中心に，主として商品作物としての野菜の栽培システムについて解説する．

7.3.1 栽培立地の生態と野菜生産システム

東南アジア大陸部は，自然条件や土地利用から，山地部・平原部・デルタに大別され，それぞれに特徴的な野菜の栽培システムが成立している[8,10]．山地斜面など高地では，比較的冷涼な気候に適応した在来野菜や，温帯から導入された野菜を中心に栽培が行われている．以下に詳述するが，雨季は稲作が中心であり，野菜作は乾季を中心に行われることが多い．また，乾季前半は，気温が相当低下するため，温帯からの導入野菜の栽培に好適となる．一方，山間盆地，平原やデルタなどの低地では，熱帯低地の高温に適応した在来野菜が主として栽培される．微妙な日長・気温の変化が栽培に重要な意味を持つ一部の野菜を除き，ほとんどの低地在来野菜は，水があれば年中栽培可能である．したがって，栽培システムは，水の利便によって決められることが多い．

7.3.2 水文環境からみた野菜生産システム

a. 山　地

東南アジア大陸部山地部は，さらに山斜面と小渓谷・盆地を含む山間低地に大別される．伝統的に，山斜面の焼畑や，山間低地の水田では，稲作を中心とした自給的農業生産が行われてきた．20世紀後半の経済発展は，山村部にも急速な貨幣経済の浸透を促し，商品作物の導入が積極的に進められ，長く自給作物として焼畑によって生産され続けてきた山斜面の陸稲でさえ，現在ではその一部で商品作物化が進んでいる[3]．とはいえ，山地部の商品作物の中心は，近年各地で導入されている飼料用トウモロコシを除くと，野菜・果樹・花卉等の園芸作物である．

山地部の大部分を占める山斜面では，高標高による冷涼な気候と豊富な水資源を利して，導入温帯野菜の栽培が盛んに行われている．主要な品目は，キャベツ・ハクサイ・カリフラワー・カラシナ等のアブラナ科野菜，タマネギ・ニンニク等の $Allium$ 属野菜，エンドウ，インゲン，トマト，イチゴ等の果菜類で，特に北タイ各地や，ベトナムのダラット高原等では，すでに産地が形成されている．

山間低地のほとんどを占める盆地には，約10万haの広さを誇る北タイ・チェンマイ盆地のように広大な盆地もあるが，大部分は1万haを超えない小規模な盆地であり，その多くで伝統的な小規模灌漑を用いた水田稲作が行われていた．近年は，近代的な灌漑排水施設の整備が進み，稲作の生産性も高まっている．ここでの野菜生産は，水田裏作と，近郊園芸が主体である．

7.3 野菜

b. 平原部

東南アジア大陸部平原部は，ミャンマー中部・タイ中部・タイ東北部・カンボジアに広がる標高 100～300 m の緩やかに起伏する平原で，水源に乏しく，そのほとんどで天水に依拠した農業が行われている．このため，野菜栽培は灌漑の可能な限られた地域で行われているにすぎない．この地域では，河川敷や溜池堤など，小規模灌漑が可能な地域を中心に，比較的小規模な野菜作が多くみられる．多くは，香料野菜を中心とした自給用生産であるが，地方都市近郊では，商業用の生産も少なくない．また，比較的乾燥した気候を利して，スイカやメロンの栽培もみられる．

c. デルタ

東南アジア大陸部を流れる大河川，イラワジ・チャオプラヤ・メコン・紅河(ホン)は，下流に大規模なデルタを発達させている．いずれも，世界でも有数の大稲作地帯であるが，紅河デルタを除くと開発の歴史は浅い．雨季の終わりに一面洪水となり，水が引いた後は数ヶ月もカラカラとなるデルタは，人間にとって住みやすい環境ではなかった．チャオプラヤデルタで，本格的な開発が始まったのは 19 世紀半ばであり，メコンデルタに至っては，今なお開発が進行中だといってよい．現在では，東南アジアのデルタのほとんどで灌漑排水施設が完備し，水文環境の人為的制御がある程度可能になり，世界有数の穀倉地帯であると同時に，各国の政治の中心が置かれている．このため，大消費地近郊という地理的優位を生かし，各デルタには野菜産地が成立している．

7.3.3 山斜面の野菜生産システムと環境問題

a. 焼畑の常畑化

山地部の大部分を占める山斜面では，多くの少数民族（カレン・モン・カム・リス・アカ・ラフ・白タイ・黒タイ等）が居住し，焼畑による陸稲を中心とした自給作物生産が伝統的に行われてきた．近年の人口増加による急速な焼畑面積の拡大，保護林の拡大による焼畑領域（休閑地と焼畑地を合わせた領域）の縮小などにより，休閑期間が激減し地力の維持が困難となった．このため，自然植生の再生力に依存した伝統的な焼畑による農業生産が立ち行かなくなり，各地で焼畑的土地利用が見直され，焼畑の常畑化が進行している．山斜面の野菜産地は，このように常畑化された，かつての焼畑に形成されていることが多い（図 7.6）．

図 7.6　北部タイの斜面野菜畑

b. ケシ栽培

かつて，東南アジア大陸部山地部は，麻薬原料となるケシの産地としても知られていた．冷涼で，気温の昼夜較差の大きい山斜面は，ケシの栽培適地であり，また，各国の反政府団体が活動資金源として少数民族にケシ栽培を普及したこともあって，現金収入源としてケシ栽培は少数民族の生活に重要な地位を占めていた．また，低地の民族も低地の土地不足により，一部山斜面に進出してケシ栽培を行っていた．現在では，各国政府がケシに代替する現金収入源として，野菜をはじめとする園芸作物の普及を進めたことにより，高標高山斜面での野菜産地形成が加速された．このような経緯で形成された山斜面の野菜産地は，基本的に野菜専作の栽培システムを採っている．

c. ロイヤルプロジェクト

タイ北部チェンマイ県にそびえるインタノン山は，タイ最高峰で 2500 m の標高を誇る．この中腹に，少数民族の一つモンによる大園芸産地がある．もともと，この付近では，モンやカレンが，焼畑により陸稲やケシの栽培を行ってきた．1970年代後半，インタノン山周辺が国立公園に指定され，公園内の大部分で焼畑を含めた農業生産活動が禁止となった．森林保護政策が進められると同時に，ケシ栽培の撲滅および少数民族の生活向上などを主要な目的として活動を行っているロイヤルプロジェクト（タイ王室が主たる資金源）が少数民族に対して，集約的園芸生産技術の普及活動を行った．ロイヤルプロジェクトは，農業技術の普及のみならず，専用の流通機構や道路等のインフラストラクチャの整備も行っているた

め，非常に大きな成果をおさめている．この地域は導入試験地も兼ねているため，特に先進の技術が普及している．多くの場合，斜面畑をそのまま野菜・花卉園として利用し，キクの電照栽培のように施設を必要とする場合を除き，段々畑の造成はあまりなされていない．主要作物は温帯野菜で，上に述べたもののほか，ブロッコリー，サイシン等アブラナ科野菜，トウガラシ・キダチトウガラシ等果菜類，シャロット・ワケギ・ジャガイモ等根菜類などが栽培され，その他，キク・グラジオラス等温帯花卉の生産も多い．豊富な水資源を生かし，スプリンクラー灌漑を行っている場所も多い．天水利用の場合，雨季に2～3作，同一作目あるいは数種の作目を単作で植えることが多い．灌漑を行う場合，段々畑を造成することも多く，1年を通して1～5・6作，1～数種の作目を単作で栽培する．1980年代後半からは，ビニルハウスやガラス温室を始めとする施設栽培の導入も盛んに行われている（図7.7）．

d. 集約栽培と環境問題

山地部では，施設内で栽培することにより，病虫害や雑草などのより集約的管理が可能となるうえ，雨よけ効果により病虫害の発生が少なくなり，単位面積あたりの収益が増加する．このため，露地栽培に比べ，より小さい面積で高い収益をあげることができる．このことは，山地部の環境問題を考えるうえで重要である．もともと，山地部の園芸産地の開発は，狭い限られた面積をきわめて集約的に農業生産に利用することで，農業利用される山斜面の面積を減少させ，農業利用されなくなった山斜面で森林の再生を図ることを目的の一つとしている．施設栽培の導入により，より小さい面積で，広い面積での生産に匹敵する収益をあげ

図7.7 山地での施設栽培

ることが可能になれば，再生森林面積は増大する．この方法は，熱帯林保護と地域住民の生活安定を両立させるための方策の一つであり，タイ北部では確実に効果があがっている．しかし，標高の高い，河川の水源域での農業の集約化は，新たな環境問題を生み出している．下流部との水資源の競合と，下流部における水質汚染である．近年，この問題は，北部タイ数地域で，すでに顕在化している．森林保護と地域住民の生活安定向上の両立は容易なことではない．

7.3.4　山間盆地の野菜生産システム
a.　北部タイ山間盆地の野菜生産システム

北部タイの山間盆地では，イネの二期作が普及しておらず，雨季作のイネの後に畑作物が栽培されるのが一般的である．主要裏作作物は，ダイズ・ニンニク・タバコである．11～12月にかけて，北部タイ山間盆地の水田地域を旅すると，稲刈り後の水田にニンニクが植えられ，場所によってはニンニク一色となり，タイの国では一体どれだけ大量のニンニクが消費されているのかと驚くことも多い．稲刈りの後，畝をたて，球を植えつけ，敷きわらをする（図7.8）．稲作同様，小規模灌漑を用いる．河川や灌漑水路の水が枯渇してくる乾季後半（暑季）になる前に収穫する．ニンニクのほか，シャロットや葉菜類も同様に栽培されている．北部タイ山間盆地では，この他，チェンマイやチェンライなどの大都市の近郊を中心に野菜産地が形成されている．この地域の山間盆地の標高は山斜面ほど高いわけでないので，さほど冷涼ではないが，デルタや平原部に比べると最低気温が

図7.8　北部タイ山間盆地のニンニク裏作

図 7.9　北部タイでみられるリュウガンと野菜の混作

低く，気温の日較差が大きい．このため，果菜類や *Allium* 属野菜の栽培に適しており，メロンやトマト，トウガラシ，ニンニク，シャロット，ワケギや種々の在来野菜が広く栽培されている．上述のように，北部タイの山間盆地は，灌漑施設が整っている地域が多く，どの野菜も年間を通じての栽培が可能である．しかし，3～4月の高温時に開花期や球肥大期，側芽分化期を迎えるような作型は避けられている．高温による結実不良や球の肥大不良，側芽の発育抑制などの害を避けるためである．近年，タイ北部では，山間盆地や中流平野部で洪水の被害が大きく，洪水にあいやすい地域では，雨季後半の洪水時（9月）を避ける作型がとられている．多くの農家は，数種の野菜を組み合わせて，年間2～3作，単作により栽培している．チェンマイ南郊は，亜熱帯果樹リュウガンの産地として有名である．リュウガンの樹冠が十分に広がる前の数年間は，果樹園に野菜を混作する（図7.9）．一種のアグロフォレストリー（7.7.3項参照）であり，豊富な日射と水資源を利用した，効率のよい作付方式である．

b. ベトナム北西部山間低地

　ベトナム北西部ディエンビエン盆地は，約1万 ha の広闊な平野である．イネの二期作が中心で，野菜を組み込んだ作付体系の成立は，今のところみられていない．現在，主として地域で消費されるために生産されている温帯野菜の品質もすぐれている．北タイ山間盆地同様，野菜産地としての潜在力は大きいと思わる．しかし，幹線道路と流通機構の未整備のため，大消費地であるハノイへの輸送に問題があり，今のところ，本格的な野菜産地形成は進んでいない．ベトナムの高

地温帯野菜の産地は，南部のダラット高原である．タイ北部の野菜山地同様，温帯導入野菜を中心とした産地形成がなされており，旧宗主国フランスの影響でアーティチョークなどの西洋野菜の栽培もみられる．

7.3.5 デルタの野菜生産システム
a. チャオプラヤデルタの生産システム

チャオプラヤデルタの野菜生産地帯は，沿岸湿地部および新デルタ中央部に広がる．沿岸湿地部は感潮地帯で，デルタでは例外的に水環境に恵まれていたためか，20世紀初頭から華僑により開発が進められた．雨季終わりの洪水害を避けるため，圃場全体を小規模な輪中堤で囲み，輪中内で「ロングチーン」とよばれる高畝を立て，高畝の周りを水で巡らし，その高畝の上で作物が栽培される（図7.10）．輪中堤の外の水路は河川をつなぐ運河網となり，今なお収穫物の輸送にはボートが相当利用されている．高名なダムナンサドゥアクの水上マーケットはこの園芸地帯の中心にある．生産される主要な野菜は，ナス，ニガウリやトカドヘチマ，キュウリ，トウガラシ，ナガササゲなどの果菜類で，種々の組み合わせで混作されることが多い．水上輸送がかなりの割合を占める，この地域では，収穫が一定時期に集中しない果菜類の混作は，一時に大量の収穫物の輸送の困難なこの地域の輸送条件にかなっている．年中高温で，また，輪中堤の外の水路の水を利用することが可能なため，季節に応じた作付体系はみられず，農家が価格等を判断して，植付作目を決定する．この地域には，ジョムナームとよばれる特殊な技術がある．一作が終了した後，輪中の中を完全に人為的に湛水させるのである（図

図7.10 高畝での野菜栽培

図7.11 特殊技術ジョムナーム

7.11)．除塩，殺菌，土壌環境の均質化等の効果が考えられ，この地域で広く普及している技術である．一方，新デルタ中央の野菜栽培地帯は，第2次世界大戦後に進められたデルタの灌漑排水整備事業（大チャオプラヤ計画）以降，開発が進んだ．新デルタ中央部のうち，ウェストバンクとよばれるバンコク西北に広がる低平地は，大チャオプラヤ計画により全域が広大な輪中となり，雨季終盤の洪水期，バンコクを洪水から守るため，増水した上流からの水を溜め込む遊水池として機能する．そのため，雨季後半の作付は困難であるが，その見返りとして，乾季には優先的に灌漑水が提供される．灌漑水が利用可能になったことにより，この地域ではイネの乾季作と並び，野菜の栽培が盛んとなった．低平な高畝の周囲を水で巡らし，畝上で作物を栽培するが，主要作目はカイラン，サイシン，アサガオナ，中国セルリー，ダイコンなどの葉根菜で，主として単作で栽培される．この地域は，全体が巨大な輪中であるが，域内は大小の輪中堤で区切られ，幹線道路は，輪中堤の上を走る．沿岸湿地と異なり，生産物の輸送は，道路交通網を利用して行われる．収穫物が一度に大量に出る葉根菜類の単作は，この輸送条件に適している．チャオプラヤデルタの野菜産地は，バンコクの発展とともに，需要が増大し発展してきたが，近年，バンコク都市域の外延的拡大に伴い，変化がみられる．都市外縁の農地への接近に伴う地価の高騰により，近郊農地が次々と宅地化され，水質汚染などの栽培環境の悪化が，それに拍車をかけた．その結果，バンコク近郊野菜産地は，現在デルタのより周縁部へ移行しつつある[9]．

b. ドイモイと紅河デルタの生産システム

紅河デルタは，山地部からほとんど平原部を経ずデルタが展開し，人の居住地

となる自然堤防がデルタ内でよく発達していたためか，東南アジア大陸部のデルタの中では，例外的に早くから開発された．1960年代のはじめには，旧ソビエト連邦の援助によりデルタ内の灌漑排水システムも発達し，冬春季作および雨季作によるイネの二期作も安定して行われるようになった．野菜作は，イネの雨季作の収穫以降，冬春作イネの移植までの期間を利用して行われていたが，合作社による統制を強く受けていたため，農家の野菜作に対する意欲は高いとはいえず，生産も一定水準にとどまっていた．1980年代半ば以降，ドイモイ（刷新）政策が施行され，個々の農家の土地所有が事実上認められると同時に，合作社の統制が弱められ，原則的に農業生産における，個々の農家の自由裁量が保障された．これ以降，農業生産に対する農家の意欲が飛躍的に高まり，ベトナムが1980年代後半に米の自給を達成し，現在では世界有数の米輸出国となったことに大きく寄与した．このような農業生産全体の向上に伴い，農家の商品作物としての野菜作に対する意欲も高まった．デルタ内のほとんどの村落では，冬春季および雨季のイネの二期作に，さらに裏作として野菜が組み込まれている（図7.12）．近年，農家は裏作としての野菜作の自由度を高め，生産性を向上するため，可能な限り稲作の本田使用期間を短縮し，裏作期間を長くとるよう，早生品種の利用や陸苗代の利用などの技術革新を行っている．また，村内の微高地では恒常的に野菜が生産されている（図7.13）．人口密度が非常に高く，ドイモイ以降の土地の再分配がきわめて公平に行われたため，農家の栽培規模は小さく，野菜生産もきわめて小規模かつ極端に集約化されて行われている[12]．既に，いくつかの村落では特産野菜の産地形成までなされているが，流通機構の整備が遅れているため，市場規模拡大の足かせとなっている．

北タイ盆地の野菜作付体系

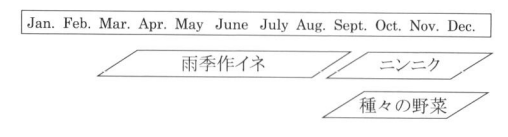

Jan.	Feb.	Mar.	Apr.	May	June	July	Aug.	Sept.	Oct.	Nov.	Dec.
雨季作イネ							ニンニク				
						種々の野菜					

紅河デルタの野菜作付体系

Jan.	Feb.	Mar.	Apr.	May	June	July	Aug.	Sept.	Oct.	Nov.	Dec.
野菜											
冬春作イネ			雨季作イネ					野菜			

図7.12　北タイ盆地および紅河デルタにおける野菜の栽培体系

図7.13 ベトナム紅河デルタの野菜栽培

さらに学習を進めるために

東南アジア島嶼部でも,各地に特徴的な野菜栽培システムがみられる。ことに高名なのは,マレーシアのカメロン高地[2]や,インドネシア・ジャワ島の高地野菜産地[1]であるが,ここでは,巻末に参考書を示すにとどめる。自給作物としての野菜の栽培システムについては,章末の参考文献[4〜7,11]を参照されたい。

〔縄田栄治〕

参考文献

1) Fujimoto, A. and Abdullah, K. (eds.): *Highland vegetable cultivation in Indonesia*, World Planning Co. Ltd., 2001.
2) 花田俊雄:熱帯農業, **32**:262-266, 1988.
3) Kono Y., et al.: *Ecological Destruction, Health and Development - Advancing Asian Paradigms* (Furukawa et al. eds.), pp.503-520, Kyoto university press and Trans Pacific Press, 2004.
4) 久保田尚弘・小合龍夫・宇都宮直樹:熱帯農業, **37**:99-110, 1992.
5) Kubota, N. et al.: *Japan. J. Trop. Agirc.*, **46**:152-161, 2002.
6) Miyagawa S: *Japan. J. Trop. Agirc.*, **46**:136-142, 2002.
7) Miyagawa S. and Khonchan S.: *Japan. J. Trop. Agric.*, **34**:235-242, 1990.
8) 縄田栄治:事典東南アジア 風土・生態・環境(東南アジア研究センター編), p.132-133, 弘文堂, 1997.
9) 縄田栄治:アジアの農耕様式(渡部忠世監修,農耕文化研究振興会編), p.129-143, 大明堂, 1997.
10) 縄田栄治:熱帯農業, **44**:213-216, 2000.
11) Yamada K et al.: *Southeast Asian Studies*, **41**:426-443, 2004.

12) Yanagisawa M., *et al.*: *Japan. J. Trop. Agric.*, **45**: 229-241, 2001.

7.4 果　　樹

　アジアでは，低緯度の熱帯から高緯度の寒帯まで多様な気候帯が広がり，地域によって気温の変化や降雨パターンが大きく異なっている．このためアジアの森林植生は多様であり，そこには豊富な樹種が生育している．これらの樹種のなかには果実を食用として利用できるものも多く，それらのなかからカンキツ類をはじめとして，マンゴー，バナナ，モモなどが果樹として栽培されるようになった．現在，アジアでは中近東，ヨーロッパ，中・南アメリカ原産の果樹も導入され，熱帯から温帯に至るまでさまざまな種類の果樹が栽培されており，世界でも果実生産量の多い地域となっている．特に，リンゴ，モモやスモモなどの核果類，カンキツ類，バナナ，マンゴー，パイナップルの生産量は世界の生産量において高い割合を占めている．さらに，東南アジアのマンゴスチンやドリアン，東アジアのカキやウメなど地域に特有の果実生産も行われている．果樹栽培は気候などの環境要因に加え社会的要因によって影響を受けるため，アジアでは，地域によって栽培される果樹の種類やその栽培方法に違いがみられる．

7.4.1　果樹の栽培分布と適地適作
　果樹は永年生作物であり，栽植された後は同じ場所で同じ生長サイクルを毎年繰り返すため，生育が可能な環境条件下でなければ栽培が困難である．果樹の生育を大きく支配する要因には気候条件と土壌条件がある．気候条件は気温と降雨によって左右され，それらの変化が栽培できる果樹の種類を限定する要因の一つになっている．気温の変化は，果樹の耐寒性や休眠現象に関与してその生育に影響を及ぼす．ドリアン，マンゴスチン，マンゴー，バナナなど耐寒性の弱い果樹は，年中気温の高い地域でしか栽培することができず，耐寒性の弱い果樹ほど栽培の北限は赤道に近くなる．ドリアンやマンゴスチンは非常に耐寒性が弱く，その栽培は熱帯に限られているが，バナナやマンゴーは比較的耐寒性が強いため亜熱帯でも栽培が可能である．一方，温帯では季節的な寒暖の差が大きく，気温の低下する冬季が存在するため，耐寒性の弱い果樹の栽培は不可能である．この地域は休眠して低温に耐えることのできるブドウ，モモ，リンゴなどの落葉果樹の栽培に適している．亜熱帯では気温が一時的に低下する時期があるため，耐寒性

の弱い果樹の栽培は困難である．また，そのような気温の低下によって引き起こされる休眠を打破する低温が得られないため，落葉果樹の栽培も困難である．カンキツ類は種類によって気温に対する適応性が異なるため，熱帯から温帯にかけて栽培が行われている．

降雨の季節的変化は，土壌水分や大気中の湿度に変化をもたらし，果樹の生育に影響を及ぼす．温帯では春季から秋季にかけて落葉果樹の栽培が行われているが，この期間は比較的均一に降雨があるため，土壌が極端に乾燥したり過湿になったりすることが少ない．このため果樹の栽培地を制限する要因としての降雨の比重は小さい．しかし，熱帯では1年中降雨のある湿潤な地域，雨季と乾季が明瞭で乾燥が一定期間続く地域，ほとんど降雨がない乾燥地域など水分の季節的変化に大きな違いがみられる．気温の変化があまりみられない熱帯では，このような土壌や大気中の水分の違いが果樹の栽培地を限定する要因となっている．マンゴスチン，ドリアン，ランブータンなどは乾燥により生育が不良になるため，乾季が長く続く地域での栽培はできない．一方，バンレイシ，カシューナッツ，マンゴーなどは乾燥期間がないと果実生産が減少するため，乾季が明瞭にみられる地域でないと栽培が困難である．乾燥地域での果樹栽培は灌漑設備がないと非常に困難で，ナツメヤシやインドナツメなど耐乾性の強い果樹しか栽培できない．

土壌のpHや排水性なども果樹の栽培地を制限する要因である．パパイヤやパイナップルなどほとんどの果樹類は排水性の悪い土壌下では栽培が困難である．また，極端な酸性およびアルカリ性土壌は著しく生育を抑制する．乾燥地や海岸に近い地域では塩類の影響が現れ，耐塩性の弱い果樹の栽培は困難である．しかし，ココナッツ，サポジラ，タマリンドなどは耐塩性がすぐれ，塩類集積が多少起こる場所でも栽培が可能である．

果樹栽培では果実生産を確保することが重要で，そのためには確実に花芽分化をさせて開花・結実を行わなければならない．花芽分化には温度，日長，水分ストレスなどが関与しているが，それらの生態的要求性は果樹によって異なっている．落葉果樹やパッションフルーツ[1]，チェリモヤ[2]などは高温で花芽分化が抑制されるため，高温が続く熱帯で栽培することは非常に困難である．マンゴー[3]，レイシ[4]，リュウガンなどは20℃以下の低温に遭遇すると花芽分化が促進されることから，熱帯よりも亜熱帯での栽培が適している．熱帯で生育する果樹の中には，マンゴスチン，ドリアン，ランブータンなどのように花芽分化に水ストレスの刺激が必要なものがあり[5]，これらの果樹は乾燥がある期間続く地域が栽培に適し

ている．タイ国においてレイシの主要栽培地域が北部の山岳地帯であるのは，花芽分化に必要な低温が容易に得られるためであり，また，マンゴスチンの栽培が南部や東部で盛んなのは，この地域は年間を通じてほぼ高温湿潤であるが，花芽分化に必要な2〜3週間以上の乾燥が続くことが大きな理由となっている（図7.14）．このように花芽分化に低温や水ストレスのような環境要因の刺激が必要な果樹は1年に1回定季的に開花して果実を生産する．

一方，グアバのように新梢生長に伴って開花する果樹では，低温や水ストレスは新梢生長を抑制するため，花芽分化も抑制する．また，バナナやパパイヤにおいては水ストレスや低温は基本栄養生長を抑制し，花芽分化の時期を遅らせたり，その程度を減少させる．これらの果樹は低温や乾燥が続く地域では果実生産が減少し，高温で多湿な条件下では1年を通じていつでも開花している無季花果樹となり，果実生産も安定する．このように熱帯では花芽分化に関与する環境条件が果樹の栽培適地を決定する要因となっていることが多い．

一般に，果樹栽培は降雨の少ないところが適地といわれている．これは降雨が多いと，開花中の受粉・受精が妨げられて結実しなくなる，果実の品質が低下する，病害が発生しやすいなどの現象が起こるためである．温帯では比較的降雨の少ない地域で，熱帯でもタイやインドネシアのように乾季がある程度続く地域で果樹栽培が盛んであることからもうかがえる．熱帯での乾燥は多くの果樹におい

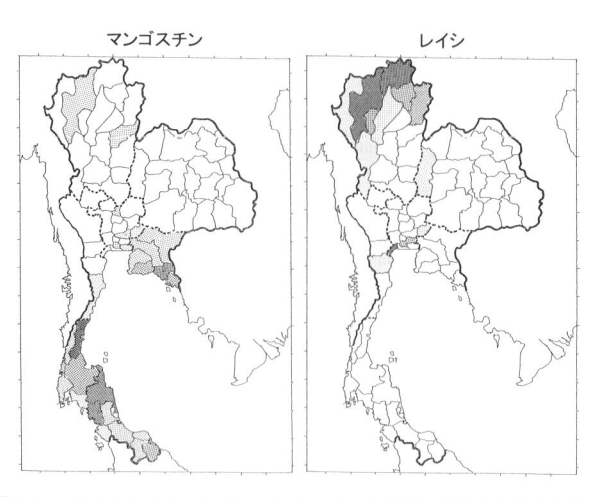

図7.14 タイにおけるマンゴスチンとレイシの果実生産量の地域的な違い
色が濃い地域ほど生産量が多い．

表7.4 アジアにおけるおもな果実の栽培適地

熱帯	湿潤	ドリアン,マンゴスチン,ランサー,ランブータン,サラッカ,ココナッツ,トゲバンレイシ,ポメロ（ザボン）	ゴレンシ,ジャックフルーツ,サポジラ	バナナ,パパイヤ,パイナップル,グアバ,マンゴー
	明瞭な乾期	バンレイシ,レンブ,タマリンド,カシューナッツ		
亜熱帯		レイシ,リュウガン,パッションフルーツ,アボカド,タンカン,ポンカン		
温帯	温暖	ウンシュウミカン,キウイフルーツ	ナシ,カキ,モモ,ブドウ	
	冷涼	リンゴ,オウトウ		

て枝葉の生長を抑制し，花芽分化を促進させる効果があり，カシューナッツ，レンブ，バンレイシ（シャカトウ）においてその効果が顕著である．また，これらの果樹では乾燥後の降雨により一斉に開花するため，結実管理の効率が良くなる．果実成熟期の乾燥は糖度を増加させる作用があり，高日照乾燥条件は果実の品質を向上させる．タマリンドでは乾燥が続くと樹上で果実を貯蔵することができ，品質の向上につながる．

以上のように，果樹は花芽分化から果実成熟までの生育条件を十分に満たす適地とよばれる場所で栽培されるため，同じような生理・生態的特性を持った果樹が同じ地域で栽培されるようになり，果樹の栽培分布がみられるようになる．それぞれの果樹の栽培適地を大まかに示すと表7.4のようになる．

7.4.2 温帯と熱帯における栽培様式

温帯では，一般に，排水性のよい傾斜地に樹園地が造られ，果樹が栽培されることが多い．そのほとんどは経済栽培が目的であり，栽培規模はそれほど大きくない．栽培方法も果樹の種類による違いはあるが，その様式はほとんど同じである．これに対して，熱帯では表7.5に示すように目的や規模の異なるさまざまな果樹の栽培様式がみられる[6]．焼畑やホームガーデンでは，果樹が半放任状態で栽培されていることが多い．これらにおける果実生産は自家消費が目的であるが，余剰に生産された果実は換金されることもある．このうちホームガーデンは，家屋の周りの空間を有用植物や樹木で覆い有効利用する栽培体系の一つで，インドネシアにおいて発達している[7]．そこではドリアン，ジャックフルーツなどの高木，ゴレンシ，グアバなどの低木，パパイヤ，バナナ，パイナップルなどの草丈の低いものが他の樹木や野菜などと組み合わされて空間をうまく利用するように

表 7.5　熱帯における栽培様式と栽培目的および栽培方式の違い

様　式	栽培目的	樹種	樹齢	繁殖体	栽培距離	収量/面積
焼　畑	自家消費	少	不均一	種子・株	散　在	低
ホームガーデン	自家消費	多	不均一	種子・株	不　定	低
果樹園	販　売	多	均　一	接ぎ木・株	一　定	高
プランテーション	販売・加工	少	均　一	接ぎ木・株	一　定	高

配置されている(図 7.15)．果樹園での栽培は換金が目的であり，その果樹園の規模は家族経営的な小規模なものから労働者を雇用して経営する大規模なものがある．樹園地は湿潤な平地や丘陵地帯に造られ，栽培される果樹の種類も豊富である．タイの湿潤地帯では，果樹は幅の広い畝を立てて排水性を良好にし，根域を制限した栽培方法が行われている(図 7.16)．大規模な果樹園では単作が主体であるが，小規模な果樹園では混作が行われ，結果年齢の早い果樹と遅い果樹との組み合わせ，野菜など他の作物との組み合わせなどがあり，時間的，空間的な土地の利用効率を図っている(図 7.17)．果樹はこの他に陸稲やトウモロコシなど作物畑などの中で栽培されることもあり，ゴム園ではゴムの樹から樹液を取ることができるまでの間，樹間にパイナップルが栽培されることもある(図 7.18)．このような混作は温帯の果樹栽培ではあまりみられない．熱帯では，植民地支配の影響を受けて，企業経営によるプランテーション栽培も行われている．ここでの栽培は輸出や加工が目的で，その種類も短期間で結実し，1 年中収穫できるパイナッ

図 7.15　ジャワ島におけるホームガーデン（左）とその内部のようす（右）
家屋の周辺に多様な作物が栽培され，樹高の高い果樹の下でパイナップルが栽培されている．

7.4 果樹

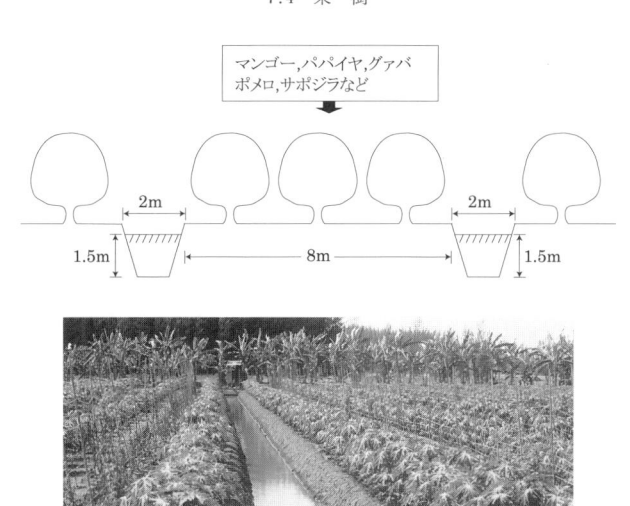

マンゴー,パパイヤ,グァバ
ポメロ,サポジラなど

図 7.16 畝立てによる低湿地での果樹栽培
畝の構造（上）とパパイヤの立て畝栽培（下）．

図 7.17 パパイヤとグァバの混作

図 7.18　ゴムの樹間で栽培されるパイナップル

プルやバナナなどに限られている．

7.4.3　栽 培 技 術

　温帯と熱帯における繁殖，整枝せん定，灌水，袋掛けなどの果樹の栽培技術は基本的にほとんど同じである．果樹の繁殖は接ぎ木が主体であり，一般には，台木を育成し，それに芽接ぎや枝接ぎをおこなって優良系統や品種の苗木を生産している．しかし，熱帯では育成させた台木を成木の枝に接ぎ木する養育接ぎ木法（suckle grafting）がマンゴーやタマリンドなどで行われている（図 7.19）．バナナやパイナップルでは，えき芽が生長した吸枝（sucker）を繁殖体にしている．これらの果樹では結実した母株は枯死するので，その母株から発生した子株（吸枝）を用いて引き続き同じ場所で栽培する株出し栽培法（ratoon cropping）が行われることもある．

　せん定は，空間をうまく利用するように枝を配置したり，樹勢を保つことによって結実を安定させる大切な樹体管理の一つである．温帯と熱帯の果樹栽培におけるせん定方法にはほとんど差異がなく，間引きせん定と切り戻しせん定を組み合わせて樹形が整えられている．熱帯で栽培されている果樹の中には，せん定を利用して開花時期を調節することもある．わが国では，最近，せん定枝の焼却処分が禁止され，チップにして堆肥化するなど焼却以外の有効な処理方法が検討されている．

　温帯アジアは内陸部を除くと降雨が比較的多いため湿潤であり，果樹栽培は雨水に依存しているところが多く，露地栽培における灌水技術はあまり発達してい

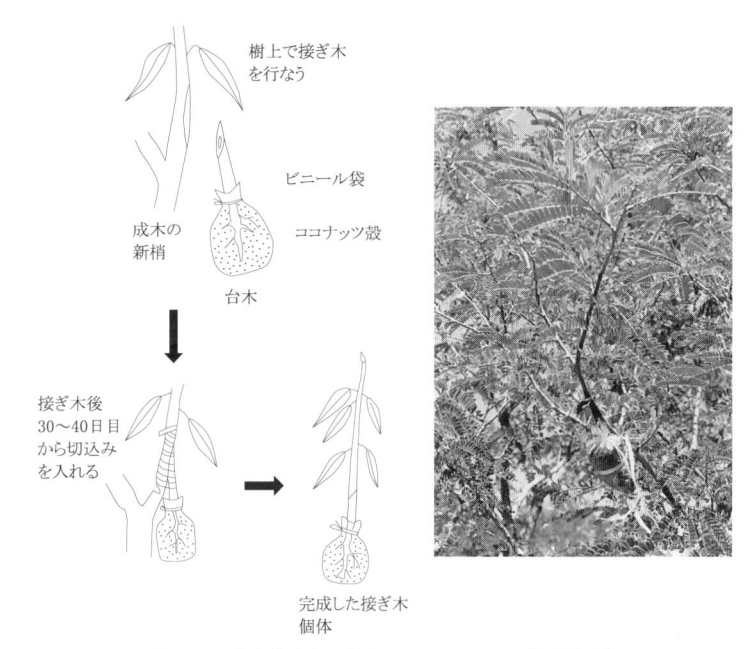

図 7.19 養育接ぎ木の方法とタマリンドでの養育接ぎ木

ない．しかし，夏季などに乾燥が続く時には灌水が必要となり，そのための設備は比較的整備されている．熱帯の果樹栽培においても水分供給を雨水に依存している場合が多い．しかし，湿潤を好む果樹の栽培においては不時の乾燥に備えて灌水設備が必要になる．

袋掛けは我が国においてモモのシンクイガ害虫防除を目的に行われるようになり，やがてそれは病害防止，着色促進，果皮の保護のためなどにも利用されるようになった．タイではグアバやサントールにおいて，台湾ではマンゴーにおいて，ミバエ防除やガや野鳥の食害を防止するために袋掛けが利用されている（図7.20）．ジャックフルーツではオオコウモリやネズミの食害から果実を保護するために，果実成熟時に袋掛けが行われている．我が国では袋掛けはおもに紙が用いられているが，東南アジアではビニール袋も利用されている．亜熱帯ではバナナにおいて，冬季の低温時に果実にビニール袋をかぶせてその生育を促進させる．

果樹では，季節外れの果実を生産は収益性が高くなるため，温帯・熱帯ともに多くの果樹において開花調節が行われている．温帯では果実の成熟時期は季節によって決まっているが，熱帯ではグアバ，バナナ，パパイヤなど周年果実生産が

図7.20 マンゴーにおける袋掛け栽培

可能な果樹とマンゴー,ドリアン,マンゴスチンなど収穫時期が季節によって決まっている果樹がある.収穫時期が季節性を持っている果樹では,大量の果実が市場にあふれ出るようになると果実の価格は低下する.このため,これらの果樹では季節はずれの果実生産を行う栽培方法が開発されるようになった.その方法の一つに生長調節物質の利用があり,特に,パクロブトラゾールの土壌処理はマンゴーの開花を自由に調節することができる[8].また,タイでは,リュウガンにおいて塩素酸カリウムを土壌処理することによって,いつの時期においても開花させることが可能になった[9].このような処理によって,多くの果樹において季節外れの果実を生産できるようになったが,土壌処理による開花調節は樹体の生育低下や,果実が周年出荷されることにより,かえって果実の市場性を低下させるなどの現象を招いている.

開花に水ストレスの刺激が必要なドリアンやマンゴスチンなどの果樹では,灌水時期を早めたり,遅くすることによって開花期を調節し,果実の出荷時期をずらすことができる.台湾では,せん定,湛水処理,断根処理などを組み合わせたレンブの周年栽培が行われている[10].

季節性のない果樹においては,灌水時期,切り戻しせん定,摘葉などを組み合わせると開花時期を一斉にすることができ,収穫時期までの栽培管理の効率化を図ることができる.バンレイシでは強い切り戻しせん定の後灌水を行うことによって,花芽が多く形成される強い新梢を発育させ,結実を安定させている(図7.21).プランテーション栽培のパイナップルでは開花時期を一斉にして収穫時期をそろえ,収穫の効率化を図る目的でカーバイトやエチレン処理が行われる.

温帯では加温ハウス栽培によって開花調節を行い,果実の早期出荷が行われて

図 7.21 バンレイシにおける切り戻しせん定
せん定の程度は強い．

いる．モモ，カキ，ナシ，ブドウなどの落葉果樹とウンシュウミカンなどにおいて栽培面積が拡大してきた．しかし，ウンシュウミカンでは加温栽培による果実生産が急激に増加したため，果実の価格が低下している．

7.4.4 熱帯における温帯果樹の栽培

熱帯では山岳地帯の高地において温帯果樹が栽培されているところがある．これはヨーロッパ人たちが植民地であった国においてブドウやリンゴを栽培しようとした名残の一つである．インドネシアではオランダの植民地下におかれていた時に，オランダ人がリンゴを持ち込み，リンゴの栽培を試みたが成功しなかった．しかし，その後，野生化したリンゴを台木にし，'ロームビューティー'を接ぎ木することによって栽培化に成功した．栽培はジャワ島東部のマラン周辺部の標高1000 m 付近において行われており，1樹で年2回果実を生産する技術が確立されている．すなわち，果実収穫後にすべての葉を摘葉し，開花させて再び果実を収穫する方法である(図7.22)．タイではチェンマイやチェンライなど北部山岳地帯において国が積極的に温帯果樹の導入栽培を推進している．この地域はかつて麻薬ケシの生産地域であったが，ケシに代わる換金作物として栽培が始まった．ここでは休眠の浅い品種や休眠打破技術を用いてナシ，モモ，ウメ，カキなどの果樹が栽培されている．

熱帯・亜熱帯ではブドウの二期作栽培が行われている．その栽培は，果実収穫後にすべての葉を摘葉し，切り戻しせん定を行って萌芽させ，果実を年内に2～3回生産させる方法である．栽培されているブドウは高温・短日下で花芽分化する

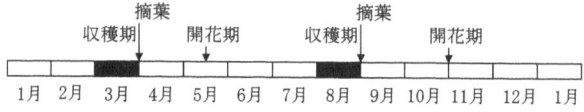

図 7.22 ジャワ島マラン周辺におけるリンゴ栽培様式の一例
(写真左) 摘葉したリンゴ樹, (写真右) 収穫期のリンゴ樹.

図 7.23 タイの低湿地におけるブドウ栽培

ことのできるヨーロッパブドウが主体であり，タイ国では河口付近の低湿地において畝立て栽培が行われている(図7.23)．しかし，ヨーロッパブドウは病気にかかりやすく薬散を頻繁に行わなければならない．亜熱帯では，アメリカブドウとヨーロッパブドウの交雑品種の栽培も行われている．しかし，このような品種では休眠打破が十分に行われないことがあり，石灰窒素などの薬剤による休眠打破が行われている．

　熱帯において温帯で生産される果実を食べようとすると，輸入しなければなら

ず，それらの価格が高いのが現状である．このような温帯果樹の栽培は，自国内でリンゴやブドウなどの果実を安価に提供するためでもある．

　果樹は換金作物として利用価値が高く，農村開発や輸出による外貨獲得などに活用することができる．このため，国策として果樹栽培を振興する国もある．しかし，果樹栽培は，果実の消費力によって左右され，需要が高まらなければ成り立たない．社会が経済的に豊かになり，国民の果実の消費力が高まると，果樹栽培は発展し，品種改良や栽培技術が発達する．また，果実を生産するためには人手を要する作業が多く，十分な労働力が確保されなければならない．さらに，収穫した果実の鮮度を保つための輸送や貯蔵設備あるいは灌漑設備などを整えるための資本力も必要となり，果樹栽培では多くの社会的要因が満たされなければならない．

　一方，同じ場所で同じ生長サイクルを繰り返す果樹の特徴は，果樹園に一つの生態系を成立させる．果樹栽培では肥料の使用量も野菜栽培などに比べると少なく，環境負荷の少ない栽培方法が可能と考えられる．草生栽培の果樹園では土壌浸食の防止や保水性が改善され，結実促進のため訪花昆虫を利用するにあたって農薬散布を控えなければならない．将来は，果樹は持続的農業を行うことに有効に利用されるべき作物であり，熱帯ではアグロフォレストリーによる森林再生(7.7節参照)などにおいて換金作物としての活用が期待できる．さらに，最近では果実の機能性が注目されており，特に，熱帯性果実における機能性はこれから開発されると思われ，健康を増進させるための果実生産も拡大するであろう．

さらに学習を進めるために
以下のような書籍が熱帯アジアにおける果樹の種類や栽培の参考になる．
- Othman Yaacob and Suranat Subhadrabandhu "*The Production of Economic Fruits in South-East Asia*" (Oxford University Press, 1995)
- J. A. Samson "*Tropical Fruits*" (Longman, 1980)
- Henry Y. Nakasone and Robert E. Paull "*Tropical Fruits*" (CAB International, 1998)
- 岸本　修・石畑清武『熱帯果樹と樹木作物』(養賢堂，1996)
- 渡辺弘之・桜谷哲夫・宮崎　昭・中原紘之・北村貞太郎（編）『熱帯農学』(朝倉書店，1996)

〔宇都宮直樹〕

引用文献

1) Menzel, C. M., Simpson, D. R. and Winks, C. W. : *Scientia Horticulturae*, **31** : 259-268.
2) Higuchi, H. and Utsunomiya, N. : 園学雑, **68** : 707-716, 1999.
3) Chaikattiyos, S., Menzel, C. M. and Rasmussen, T. S. : *Journal of Horticultural Science*, **69** : 397-415, 1994.
4) Menzel, C. M. and Simpson, D. R. : *Journal of Horticultural Science*, **70** : 981-987, 1995.
5) Nakasone, H. Y. and Paull, R. E. : *Tropical Fruits*, pp.328-376, CABI, 1998.
6) Verheiji, E. W. M. and Coronel, R. E. : *Plant Resources of South-East Asia*, pp.15-56, Pudoc-DLO, 1991.
7) 久保田尚弘・小合龍夫・宇都宮直樹：熱帯農業, **36** : 99-110, 1992.
8) Nartvaranant, P., Subhaderabandhu, S. and Tongumpai, P. : *Acta Horticulturae*, **509** : 661-668, 1999.
9) 片岡郁雄・久保田尚弘・杉浦　明：熱帯果樹類の生殖機構における適応戦略の比較研究, pp. 13-27, 科学研究費補助金基盤研究成果報告書（代表　杉浦　明）, 2002.
10) Shu, Z-H., Wang, D. and Sheen, T. : *International Symposium on Off-season production of Horticultural Crops Vol. II*, Food and Fertilizer Technology Center for the Asian and Pacific Region, 1989.

7.5　アジアにおける有畜複合生産システム

7.5.1　世界的にみたアジアの家畜生産

　表7.6は世界の地域別家畜飼養頭羽数を示したものである[1]。アジアにおける家畜の飼養頭羽数は世界全体に対してウシでは35％, ブタでは60％, ニワトリでは50％を占めている。また, 生産量についてみると（表7.7）, 世界全体の生乳では31％, 牛肉では23％, 豚肉では55％, 家禽肉では33％, 鶏卵では60％を占め, 頭羽数でも生産量でもアジアは畜産に関して最も重要な地域であることがわかる。

　世界的に家畜生産システムを概観すると, じつにさまざまな形態の家畜生産システムが存在する。SereとSteinfeld[1]は, 世界の家畜生産システムを形態や気候帯によって11のシステムに分類している（p.140 表7.8）。このうち, 複合生産システムは天水利用システムと灌漑利用システムをあわせて約80％がアジアに存在している[2]。このことから, 世界レベルでみた場合, アジアの家畜生産は, 複合生産システムが占める割合が他の地域と比べて多い点に特徴があるといえる。そこで本節では, アジアにおける有畜複合生産システムをいくつか紹介し, その評

表7.6 世界の家畜飼養頭羽数[1]

	牛（千頭）	豚（千頭）	鶏(100万羽)	めん羊(千頭)
世界計	1,360,476	939,319	15,420	1,044,045
アフリカ	233,020	19,362	1,293	251,379
北米	110,400	73,505	1,988	7,679
中南米	353,840	77,510	2,417	82,969
アジア	472,322	564,096	7,660	406,288
ヨーロッパ	142,636	194,584	1,830	137,924
オセアニア	39,167	5,507	116	157,001

表7.7 世界の畜産物生産量（単位：千t）[1]

	生乳	牛肉	豚肉	家禽肉	鶏卵
世界計	597,682	60,801	93,624	72,238	57,804
アフリカ	26,336	4,372	732	3,082	2,147
北米	83,125	13,675	10,793	18,483	5,531
中南米	58,528	14,110	4,440	12,785	5,127
アジア	186,348	14,082	51,702	23,920	34,849
ヨーロッパ	216,216	11,661	25,209	12,668	9,773
オセアニア	25,519	2,674	508	831	207

価と今後の可能性について検討してみることにする．

7.5.2 家畜の遺伝的背景と環境

アジアでは，さまざまな環境で多様な品種の家畜が飼養されており，まさに種の宝庫といっても過言ではない．ウシについては，アジアで飼養されている品種のほとんどはインド牛（Bos Indicus）で，これらは一般には背中に肩峰とよばれるコブを持ちゼブ（Zebu）牛と総称されている．しかし，中国の黄牛の一部や日本の和牛4品種（黒毛和種，褐毛和種，無角和種，短角和種）は肩峰を持たないヨーロッパ牛（Bos Taurus）に属している．その他，バリ牛やガヤール，ヤクなどもいる．スイギュウについては，沼沢水牛（swamp buffalo）と河川水牛（river buffalo）に分類され，前者は東南アジアから中国にかけて，後者はインド，パキスタンで広く分布している．

ヒツジとヤギは多様な品種がアジア全域で飼養されており，いずれも乳用や肉用として，またヒツジは羊毛用としてもさまざまな地域で重要な役割を演じている．ブタは，全世界の3分の1以上が中国で飼養されており，東南アジアでも中国系品種のブタが広く肉用として飼養されている．家禽類では，ニワトリはイン

表 7.8　世界の家畜生産システムの分類[2]

生産システム	アジアの占める割合*
1. 家畜のみのシステム　（家畜以外の生産物量が全体の 10 % 未満）	
(1) 土地に依存しないシステム 　（自給飼料が乾物ベースで 10 % 未満，かつ年間飼養密度が成牛ベースで 10 頭／ha 以上） 　① 非反芻畜システム：豚肉および鶏の卵とブロイラー生産 　② 反芻畜システム：牛肉生産フィードロットシステム	19.3 %
(2) 土地に依存するシステム（草地ベースシステム） 　（自給飼料が乾物ベースで 10 % 以上，かつ年間飼養密度が成牛ベースで 10 頭／ha 未満） 　③ 温帯・熱帯高地システム 　④ 熱帯・亜熱帯湿潤システム 　⑤ 乾燥帯・亜乾燥帯システム	8.5 %
2. 複合生産システム （給与飼料のうち 10 % 以上が作物副産物，あるいは家畜以外の生産物が全体の 10 % 以上）	
(1) 灌漑利用システム 　⑥ 温帯・熱帯高地システム 　⑦ 熱帯・亜熱帯湿潤システム 　⑧ 乾燥帯・亜乾燥帯システム	71.4 %
(2) 天水利用システム 　⑨ 温帯・熱帯高地システム 　⑩ 熱帯・亜熱帯湿潤システム 　⑪ 乾燥帯・亜乾燥帯システム	8.4 %

＊：総肉生産量ベース．

ドや東南アジアではいまも赤色野鶏のような野鶏が現存し，それらが家畜化された在来種も飼養されている．

　一般にアジアに限らず，途上国における家畜の在来種の生産性は低い．その理由として，暑熱や湿潤などの厳しい気候風土が考えられるが，それのみならず，利用できる飼料の量や質の低さ，寄生虫や疾病の影響，低い飼養管理技術なども大きく関与している．また，家畜の遺伝的能力が低いことも生産性に関する大きな制約要因となっている．たとえば，バングラデシュにおけるウシの乳量を調べた報告[3]によると，温帯先進国でならば 1 日 20〜30 kg の乳量を期待できるホルスタイン種も，バングラデシュの暑熱・湿潤環境の下では，約 10 kg 程度しか生産できず，さらに在来種では 1 日あたりの乳量が 3 kg 足らずであるとされている．

この結果は，国の試験場の比較的飼養環境が良好な条件において測定されたものであることを考えれば，農村のより劣悪な環境では生産量はさらに低いものと予想される．このような環境要因による外来種の能力の低下と在来種のさらに低い生産能力は，ほとんどのアジアの地域でみられることである．

しかしその反面，在来種は，その地域の気候風土に適応しており，抗病性や頑健性にすぐれている場合も多い．厳しい環境条件下では，一般に在来種は外来種と比べて死亡率は低く，風土病やダニに対する抵抗性も高いことはよく知られている．さらに，ウシに関するさまざまな温帯種や熱帯種およびマレーシア在来種の枝肉組成を成熟サイズの相違を補正したうえで比較した研究によると，マレーシア在来種は筋肉割合が高く，脂肪割合の低いことが示されている[4]．この研究の中では，その理由として，マレーシアの在来種はマレーシアの暑熱・湿潤気候に適応するため，脂肪割合を低下させる方向に進化してきたのではないかと推測されている[4]．この推測は現段階では仮説にすぎないが，興味ある結果と思われる．さらに，この研究においては同じ熱帯種でも乾燥地域を原産とするサヒワール種にはそのような傾向は認められなかったと報告されている[4]．

7.5.3 社会システムの中の家畜

アジアの多くの地域でみられる伝統的な有畜複合農業システムにおいて，いまだに家畜の頭数の85％以上は小規模農家によって庭先で飼養されており，そこでは家畜は「生きた財産」と位置づけられ，経済的危機を避ける手段として，あるいは作物生産部門から放出される余剰物を肉，乳などの貴重なタンパク質資源に変換する手段として重要な役割を果たしている．特に小規模な農家においては家畜生産は食料の安定供給源として，また現金収入を得るための手段として重要な役割を担っている．一般に，大家畜は生きたストック（貯蓄）として，小家畜は現金のバッファー（緩衝装置）として重要である．また，ヒツジに関しては羊毛や皮革などの副次的な加工原料のためにも飼養されている．

個別にみていくと，ウシやスイギュウは主として，現金支出や役用，肉や乳の食料源として利用され，その糞尿は作物生産のための堆きゅう肥や燃料として利用されている．さらに，家畜が作物生産から生じる残渣や副産物を飼料として摂取することで，生産システム内のリサイクルを形成している．このような農業生産に関すること以外でも，ウシやスイギュウは農家の社会的地位の象徴として，ヤギやヒツジは，冠婚葬祭の際の食事や贈り物などの役割も果たしている．ブタ

やニワトリは，小規模農家の「裏庭」で自家消費のために飼育されているケースが多い．その他，特殊な例として，中小家畜の品種の中には観賞用，愛玩用，遊戯用など娯楽や余暇の用途で飼育されているものもある．

アジアの家畜生産を考えるうえで，家畜生産に女性が重要な役割を果たしている点に注目する必要がある．特に農村部においては，家畜の飼養は女性にとっては重要な労働の機会で，家畜の飼養に関する重大な意思決定が女性にゆだねられていることも多い．たとえば，インドをはじめ多くの国の農村部では，乳牛や小家畜の飼育は女性の仕事と位置づけられている．

7.5.4 有畜複合生産システム
a. 耕種作物と家畜の複合生産システム

図 7.24 は，このような複合生産システムにおける農家，家畜，耕種作物の相互関係を示したものである．家畜からの糞尿は，堆肥として耕種作物を生産している土壌に還元され，また耕種作物からの余剰物（副産物）は，飼料として家畜に利用されている．たとえば，アジア地域でよくみられる稲作とウシとの複合生産システムでは，人間の食料として利用できない稲わらは，ウシの飼料や敷料として利用され，ウシが排泄する糞尿は堆きゅう肥として水田に還元される．さらには，開発途上国ではいまだに糞を燃料として利用している地域も多い．また，ウシは耕作用や運搬用などの使役目的にも大いに利用されている．このようなシステムでは，システム内に循環する栄養物やエネルギーはシステム内で再利用されているため，廃棄物や汚染物がシステム外に放出されることはほとんどなく，過剰な食料はローカルな市場に出荷されて無駄なく現金に換えられ，しかも外部からの化石エネルギーの投入は最小限に節約されている．

b. 池の生態系を取り込んだ複合生産システム

中国や東南アジアでは，耕種作物と家畜の統合に加えて，池の生態系をも取り込んだシステムが古くより存在している．このシステムでは家畜の糞や廃棄物を池に投入し，それがバクテリアによって分解され，植物性プランクトン，動物性プランクトンを経て，魚の餌になる．

図 7.25 は，ブタ，魚，アヒル，耕種作物の統合複合システムを示したものである．ブタ生産からの廃棄物や糞尿は，田畑だけでなく，池にも投入され，魚（多くの場合，鯉）の生産に利用されている．このシステムにおいては水草がブタの飼料として用いられ，また池は魚やアヒルの生産に利用されている．さらに，池

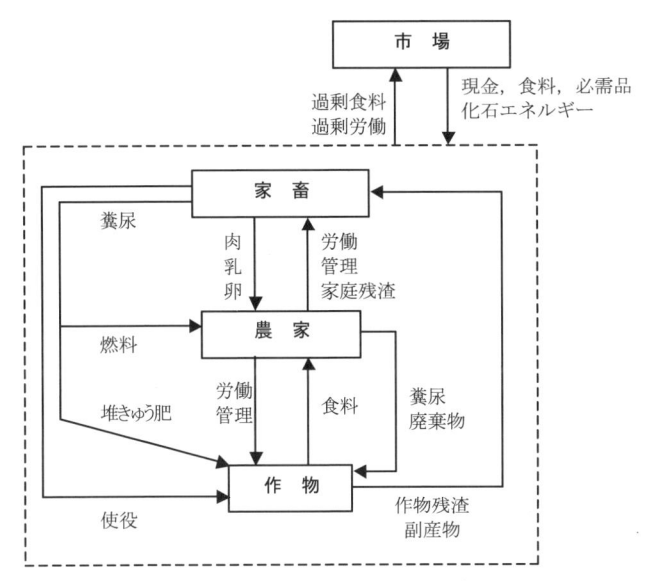

7.5 アジアにおける有畜複合生産システム

図7.24 伝統的複合生産システムの概要

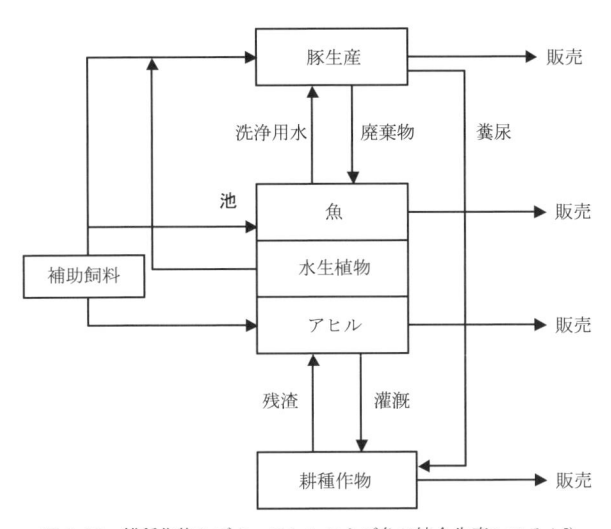

図7.25 耕種作物とブタ，アヒルおよび魚の統合生産システム[5]

の水は耕種作物の生産にも利用されている．同様のシステムとして，インドネシアでは米，魚，アヒル，ヤギの統合システム，タイでは米，魚，ブタ，アヒル，野菜の統合システム，ベトナムではブタ，アヒル，野菜，果樹，ヤギの統合システム，中国南部では，米，トウモロコシ，ブタ，野菜，サツマイモ，乳牛の統合システムなどがある[5]．このようなシステムは，限られた土地からの収益を増やすうえで，多くの国々で注目されてきている．

c. プランテーションと家畜生産との複合生産システム

東南アジアに広がるプランテーション樹木作物と家畜生産を組み合わせた統合生産システムが近年注目を集めている．多年性プランテーション樹木作物としては，フィリピンやインドネシアではココナッツ，タイではゴム，マレーシアではオイルパームが数多く栽培されている．これらのプランテーションに反芻家畜（ウシ，ヤギ，ヒツジ）を放牧し，その下草を飼料として利用する複合生産システムが，1980年代から東南アジアの国々で行なわれてきている（図7.26）．

プランテーション作物生産と反芻家畜（ウシ，ヒツジ，ヤギ）生産との統合は，次に示すいくつかの利点が期待できる[5,6]．その第1の利点は，プランテーション作物生産は，通常モノカルチャであるため，その生産物の価格が市場に左右され，もしその価格が暴落した場合，農家は致命的な被害を被ることになるが，もし家畜生産と統合していればそのような際に家畜を販売することができリスクを避けることが可能となる．このように単一作物生産が抱える価格の暴落に関するリスクを回避できることは大きなメリットといえる．その第2は，家畜からの糞尿が

図7.26 プランテーション樹園における放牧

プランテーション作物の有機肥料として利用できる点があげられる．家畜の導入によって，土壌の肥沃度が向上し，化学肥料の投入を削減することができる．第3に，下草の過度の繁茂を制御できる点も重要である．家畜の嗜好性の高い下草はそのまま飼料として家畜に摂取されるため過度の繁茂は抑制され，嗜好性の低い下草も踏みつけられるため成長が抑えられる．したがって，除草のための労働や除草剤の投入を節約でき，経済的なメリットは大きい．第4には，特にウシを導入する場合，家畜生産のための広大な牧草地を新規に開拓する必要がなくなる点があげられる．東南アジアについていえば，プランテーション作物の広大な土地を放牧地として利用することは，資源の有効利用という観点からみればたいへん価値のあることであろう．第5に，プランテーション作物が太陽光線を遮断するため，家畜への暑熱ストレスが緩和される点があげられる．たとえばプランテーションの中では，開放牧草地と比べて，温度が1℃から5℃程度低いことが知られている．オイルパームのプランテーションで飼養されたウシは，放牧地での飼養の場合よりも1日あたりの増体量が大きく，それは暑熱の影響の差であるとした報告もある[7]．最後に，家畜の導入によって労働力を効率的に利用できる点も見逃せない．除草作業などに従事していた労働力を家畜管理などに転換でき，さらに家畜が収益を産みだすので，プランテーション経営者にとっては労働生産性が向上することになって，そのメリットは大きい．

7.5.5 有畜複合生産システムの農学的意味
a．栄養素の循環

有畜複合生産において最も重要な特徴の一つが，物質循環の利用である．物質循環の中でも窒素の循環は特に重要である．図7.27はネパールの丘陵地中腹の平均的な農家における窒素循環を示したものである[8]．さまざまな農家がこの地域には存在しているが，この研究では，土地面積が1 ha，その土地のうち灌漑利用システムと天水利用システムの比が2：1，樹木が50〜80本，スイギュウ2頭，雄牛2頭，雌牛1頭，ヤギ3頭，ニワトリ6羽，作物としてトウモロコシ，シコクビエ，米，小麦をそれぞれ年間 2000 kg，1160 kg，2000 kg，2500 kg 生産している標準的なモデル農家を想定して，窒素の循環が計算されている．

この地域では，伝統的に作物生産，家畜生産および森林が統合されて生産システムを形成しており，家畜と森林の関係でいえば，家畜が森林の中で放牧され，また，葉や小枝は飼料として家畜に給与されている．図7.27を見ると，雨によっ

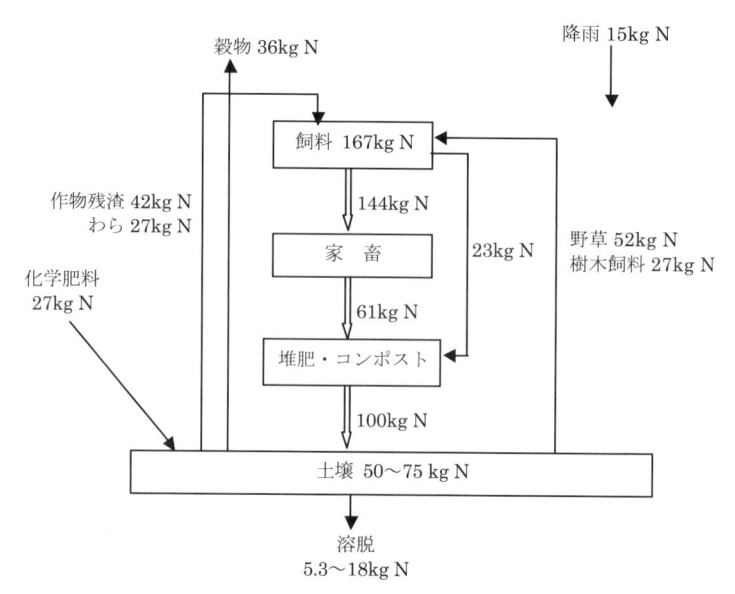

```
     穀物 36kg N                降雨 15kg N
         ↑                          ↓
         │         ┌──────────────┐
         │         │ 飼料 167kg N │←──────
         │         └──────────────┘      │
作物残渣 42kg N    │ 144kg N              │
わら 27kg N        ↓                     │
                ┌──────┐                 │  野草 52kg N
化学肥料        │ 家 畜 │  23kg N         │  樹木飼料 27kg N
27kg N          └──────┘                 │
                   │ 61kg N              │
                   ↓                     │
              ┌──────────────┐           │
              │ 堆肥・コンポスト │──────────
              └──────────────┘
                   │ 100kg N
                   ↓
     ┌─────────────────────────────┐
     │      土壌 50〜75 kg N         │
     └─────────────────────────────┘
                   ↓
                  溶脱
                5.3〜18kg N
```

図 7.27　ネパールの丘陵地中腹における平均的モデル農家の窒素フロー
文献[8]を参考に測定値のないフローは省略して作成.

て自然にもたらされる窒素と化学肥料によって投入される窒素以外は，外部から窒素が入り込むことはほとんどなく，システムの中で窒素が効率よく循環していることがわかる（それぞれのフローの出入りに関して数値が合わないところがあるが，それは測定値のないフローがあるため生じた結果であると考えられる）．

b. 家畜による耕作

　複合生産システムにおける家畜の多様な役割のなかで，役用としての役割は特に重要である．役用家畜としてどの家畜を選ぶかの選択は，その地域の気候帯や習慣，農家の経済状態，その家畜種が持つ環境適応性や抗病性などによっている．たとえば，ウシは，極端な乾燥地域または湿潤地域を除く，広範な地域で飼養されており，田畑の耕作や生産物の運搬に利用されている．また，スイギュウは，インド，バングラデシュ，フィリピン，インドネシアなどの暑熱湿潤の厳しい気候帯の地域で，作物の耕作用に飼養されている．このような家畜の使役は，インフラ整備の遅れた遠隔地域では特に重要な役割を果たしている．地域によっては，2種類以上の家畜が役用に利用されている場合もある．たとえば，インドネシアではウシとスイギュウがペアで耕作用に用いられている．また，性別についても地域間差があり，インドやネパールでは文化的な習慣から雄牛が役用に用いられ

7.5 アジアにおける有畜複合生産システム

図 7.28 雌雄 2 頭のウシを用いた耕作（バングラデシュ）

ているが，他の地域では，農家の経済条件によっても用いられる家畜の性が異なり，たとえば，富農は土地が広く資金が豊富であるため，力が強く役用に適した雄牛を所有している場合が多いが，土地面積が狭く，役用のみで家畜を飼養することが経済的に困難な貧農は，雌牛のみを所有して，乳用と役用の両用に利用するケースが一般的である．バングラデシュでは，ウシを所有している豊かな農家は，耕作用として雄牛と雌牛の 2 頭をペアで所有し，その 2 頭の間に犂（すき）をつけて耕作を行なっている（図 7.28）．いずれにしても，農家は，役用家畜を利用することによって，土地を耕し，土壌の保全を行なっている．

一方，「緑の革命」による高生産早熟品種作物の導入と工業化によって，近年，家畜の役用利用が減少し，特に大規模農家を中心に，農作業の機械化が進んでいる．とりわけ，日本の援助が行き届いた東南アジア地域においては，耕作の機械化は急速に進んでいる．このような地域では，役用家畜の頭数は減少の一途をたどり，家畜の用途は役用から生産用へ急速に移行している．しかし，それにもかかわらず，アジアの多くの地域の小規模農家では，役用家畜の利用は現在でも一般的である．したがって，今後もアジアの小規模の複合システムにおいては，家畜の使役は重要で，役用家畜を用いた農法はこれからも続けられるものと予想される．

c. 堆きゅう肥の利用

家畜からのふん尿は，堆きゅう肥として，土壌の肥沃度を維持し改良する目的で，アジアでは広く用いられている．堆きゅう肥の利用は，化学肥料の利用と比べて，土壌の構造を改善し，水分の吸収を促進し，土壌表面の乾燥を防ぐなどメ

リットが多い．特に，保水力が弱く，栄養素の乏しい土壌で作物を連作する場合に，化学肥料のみの施用では十分な成果が得られず，堆きゅう肥の利用が不可欠である．

ウシやスイギュウの糞は，通常，堆きゅう肥として田畑に還元されている．そのほかに，東南アジアでは，ブタの糞尿の液体部分が田畑に肥料として投入され，固形部分がバイオガスの生産に利用されているところもある．イスラム圏の国々では，ブタの糞尿は堆きゅう肥として用いられないが，その代わりにヤギの糞尿が堆きゅう肥として利用されているケースも多い．

d. 作物残渣と副産物の利用

アジアの複合生産においては，さまざまな作物が生産されている．東南アジアでは一般的に稲作が中心であるが，乾季と雨季があり気温が比較的低い地域では小麦が主要な作物であり，気温が上がるにつれて，ソルガム，ミレットおよびキャッサバが重要になってくる．また，高地では1年生作物の連作も行なわれている．

稲作については，天水田の地域では一期作が中心で，生産はモンスーン期に行なわれる．比較的生産環境の良好な地域では，雨期の稲作の前後に，豆類，油種子類，ジュートや野菜類が栽培されている．さらに，少なくとも年間6ヶ月以上にわたり200 mm以上の月降水量がある地域では，米の二期作，三期作が盛んである．

作物からの残渣や副産物を家畜の飼料として利用する試みはしばしば行なわれている．表7.9はいくつかの作物からの残渣や副産物の栄養成分を示したものである[9]．このような飼料は，栄養価の高いものが多く，飼料資源としては非常に有用であるが，その反面，栄養成分に偏りがあり，単一の飼料のみでは家畜の飼育管理が困難な飼料も数多く含まれている．ここでは，例としてオイルパームの副産物について述べることにする．オイルパームは，マレーシアやインドネシアではプランテーション作物として今も多くの生産量があり，パーム油は，90％が食料としてマーガリンなどの加工油脂原料やフライ油として利用され，また，石鹸や界面活性剤の原料となっている．飼料としては，パーム核粕（palm kernel cake：PKC），パーム油スラッジ（palm oil mill effluent：POME），パームプレスファイバ（palm press fiber：PPM）などがよく用いられている（表7.9）．特にパーム核粕は，粗タンパク含量が高く，フィードロット用のウシの補助飼料としてマレーシアでは広範に利用されている．しかし，このパーム核粕は銅が過剰

表 7.9　おもな副産物飼料と栄養価

副産物	乾物量 (g/kg)	粗タンパク (%)	粗脂肪 (%)	ME[*1] (MJ/kg)
ココナッツケーキ	908	18.0	10.2	11.5
米ぬか	910	13.5	12.0	11.5
サゴヤシ副産物	270	1.5	2.0	11.5
パイナップル副産物	120	6.5	1.2	10.1
オイルパーム副産物[*2]				
PKC	910	17.6	0.9	10.0
POME	933	10.6	13.0	9.8
PPM	725	7.9	9.4	7.3
OPF	932	4.7	38.5	5.7

＊1：代謝エネルギー（metabolizable energy）．飼料のもつ全エネルギーから糞尿およびメタンのエネルギーを差し引いて算出する．
＊2：各々の正式名称；　PKC：palm kernel cake, POME: palm oil mill effluent, PPM：palm press fiber, OPF：oil palm fronds.

に含まれているため，長期にわたる給与は銅中毒を引き起こすことも指摘されている．最近，オイルパーム茎葉（oil palm fronds：OPF）の飼料化の研究が，日本とマレーシアの共同研究の一環として行なわれ，サイレージ化やペレット化などの技術開発がなされている[10]．

7.5.6　今後の可能性

　近年，家畜生産は，過放牧による砂漠化や土壌侵食，糞尿による水質汚染や悪臭問題，二酸化炭素やメタンガスの放出による地球温暖化など多くの環境問題の原因としてしばしば批判の対象とされている．しかしこれらの問題は，家畜生産が本来持っていた問題というよりはむしろ，効率化をめざして規模拡大を続け，工業化した畜産業がもたらした問題といえよう．

　今後のアジアにおける畜産を考えた場合，ブタ，ニワトリ，乳牛，肉牛などの家畜生産は，人口の増加と工業化に伴って，将来的な方向性としては複合生産システムから家畜のみのシステムに移行していくことが予想される．実際，たとえばタイなどでは大規模なブロイラーや産卵鶏の生産企業が増えてきており，まだ数こそ少ないがブタや乳牛の大規模生産が都市近郊で始められつつある．

　しかしその一方で，本稿で述べてきた複合生産システムも，アジアの多くの国々では今後も残り続けると考えられる．近年，農薬や化学肥料を用いず，物質循環を重視した複合生産システムに対する関心が世界レベルで高まっている．その意

味では，アジアの伝統的な複合生産システムはまさに物質循環を最大限に活かした生産システムであり，今後の農業システムを考えるうえで，このようなアジア型の有畜複合生産システムの再評価が必要になってくると推察される．

さらに学習を進めるために

本節は，アジアにおける有畜複合生産システムについて述べた．本稿のような視点からアジアの畜産を解説した他書は見あたらないが，熱帯の畜産についてさらに学習したい人は "*An Introduction to Animal Husbandry in the Tropics*"[11]が詳しい．日本語の図書では『熱帯農学』[12]の第4章がよくまとまっている．

〔廣岡博之〕

参 考 文 献

1) FAO：*FAOSTAT*（データベース），2002年6月におけるデータ（農林水産省統計部：ポケット畜産統計 平成14年度版，農林統計協会より引用）．
2) Seré, C. and H. Steinfeld, H. : *World Livestock Production Systems: Current Status, Issues and Trends*, FAO Animal Production and Health Paper 127, 1996.
3) Hirooka, H. and Bhuiyan, A. K. F. H. : *Asia-Aus. J. Anim. Sci*., **8**：295-300，1995.
4) Hirooka, H., *et al*. : *Asian-Aus. J. Anim. Sci*., **2**：607-613，1989.
5) Devendra, C. : *Asian-Aus. J. Anim. Sci*., **13**：265-276，2000.
6) Tajudding, I. : *Agroforestry Syst*., **4**：55-66，1986.
7) Dahlan, I. And Arriff, O. M. : *Proc* 10th *Ann. Conf. MSAP*. pp.324-327，1987.
8) Pilbeam, C. J., *et al*. : *Agric. Eco. Envirom*., **79**：61-72，2000.
9) Wan Mohamed, W. E., Hutagalung, R. I. and Chen, C. P. : *Proc*. 10th *Ann. Conf. MSAP*., pp.81-99，1987.
10) Wan Zahari, *et al*. : *Asian-Aus. J. Anim. Sci*., **16**：625-634，2003.
11) Payne, W. J. A. : *An Introduction to Animal Husbandry in the Tropics 4th Edition*., Longman Scientific & technical, 1990.
12) 渡辺弘之，他編：熱帯農学，朝倉書店，1996.

7.6 水 産 業

7.6.1 漁業と養殖業

a. 日本の水産業

平地面積が狭く，四方を海に囲まれている日本では，古くからさまざまな魚介類の恩恵に与り，独自の食文化を形成してきた．日本各地の遺跡や貝塚から出土

する釣り針や貝殻からも，縄文時代から魚介類を獲っていたようすがうかがえる．特に江戸時代までは，魚介類は日本人にとってほとんど唯一の動物性タンパク源として貴重な食糧であった．近年，生活様式の欧米化が進み国民の魚離れが指摘されている一方，魚に含まれるさまざまな成分が各種の成人病予防に効能が認められたり子供の成長を促進したりすることから，魚介類の良さが改めて見直されている．日本では，国民1人あたりの動物性タンパク質摂取量に占める魚介類の割合が，1960年代には60％を超えていた．その後畜産物輸入の増大に伴って徐々に低下したものの，1980年代以降は40～45％に保たれている．欧米諸国での割合が10％に満たないことを考えると，日本人がいかに多くの魚介類を食しているかがわかる．

　このような状況のもと，我が国では水産業が盛んに営まれている．その操業形態は多種多様であるが，これをおおまかに区分すると，海面漁業（marine fishery），海面養殖業（marine aquaculture），内水面漁業（inland water fishery），内水面養殖業（inland water aquaculture）に分けられる．内水面とは湖沼や河川など，いわゆる淡水域をさす．海面と内水面を比べると，海面における生産の方が圧倒的に大きい．また海面漁業は漁場の海岸からの距離によって，沿岸漁業（coastal fishery），沖合漁業（offshore fishery），遠洋漁業（distant water fishery）の三種類に分けられる．沿岸漁業では10トン未満の小型船舶を用いた小規模経営が主体であり，就労者数は水産業の中で最も多い．採貝から定置網まで，さまざまな手法を用いて多様な種類の魚介類を採っている．沖合漁業とは沿岸と遠洋の間の近海で行われる漁業である．巻き網や底びき網などの漁業があり，漁獲量が最も多い．遠洋漁業は大型の漁船を使って数ヶ月から1年ほどかけて行われる．カツオ一本釣り漁業やマグロ延縄(はえなわ)漁などが有名である．比較的大規模な漁業会社により経営が行われ，漁船などの設備も近代化されている．これらの漁業[注1]に対し養殖業[注1]とは，網などにより仕切られた一定区間の中で魚介類を集約的に育成し，収穫する事業である．天然魚の量が少なく，高価な魚種を対象とすることが多い．なかでもブリ類やマダイは総水揚げ量の7割以上を養殖ものが占め，ノリ類に至ってはほぼ100％が養殖によるものである．

　日本は現在，世界第5位の水産国である．しかしながら，日本における漁獲量[注1]は1980年代後半の1100万t前後を境に大幅に落ち込み，近年では500万tを下回っている．その要因として，マイワシ資源の枯渇，水産資源の保存・管理の議論の活発化に伴う遠洋マグロ延縄漁業の削減，漁業就労者の高齢化と減少，など

があげられる．これに対し養殖業による生産量（養殖量）[注1)]は，「とる漁業から育てる漁業へ」と転換が図られたことで1970～80年代に急増し，現在は120万t前後に達している．また国内での生産の落ち込みに伴い，水産物の輸入量は1980年代以降急増している．特に1995年以降，輸入量は約600万tに達し，国内での生産量とほぼ同程度となった．金額でみても日本の水産物輸入額は約150億ドルで，世界全体の約4分の1を占め，世界第一位である．輸入相手国は金額の多い順に，中国，アメリカ，タイ，インドネシア等で，アジアの国々から多くの水産物を輸入している．

b. アジアにおける水産業

FAOレポート[1)]によれば，過去数十年間にわたって順調に伸びてきた世界の漁獲量は，1980年代の半ば以降その増加率が鈍っている．近年では8500万tから9500万tの間で推移しており，2002年の世界の漁獲量は約9300万tである．地域的にみると東・東南アジア各国の沿岸域は世界でも有数の漁場になっており，中国，インドネシア，日本，インド，タイが世界の十指に入る．この5ヶ国で世界の総漁獲量の35％を占める．なかでも中国における漁獲量が最も多く，近年の増加率も群を抜いて高い．

一方養殖量は現在でも年々増加しており，2001年には全世界で3800万tに達した．この増加もおもに中国での増産によるところが大きい．1980年代から急増した中国の養殖量は現在約2600万tで，世界全体の約7割を占めるに至った．中国では四大家魚（アオウオ，ソウギョ，ハクレン，コクレン）の人工繁殖技術が開発されて以来，経済発展に伴って大量に淡水養殖施設が整い始め，海面よりも内水面での養殖が盛んに行われるようになったからである．現在では内陸の淡水養殖だけでも日本の生産量の2倍に達している．

アジアの多くの沿岸域では，非常に多くの魚介類が貴重なタンパク源として消費されている．そして日本を除くアジア各国においては，人口増加と近年の産業活動の活発化により，その消費水準はなお増加傾向にある[2)]．また水産業は多大な雇用を生み出すとともに，輸出によってアジア各国の外貨獲得に大きく貢献している．アジアにおける水産物の輸出高は190億ドルにのぼり，世界全体の約35％を占める．

c. 養殖業の重要性

現代社会において我々が口にするほとんどの食物は，農作物にしろ，肉類にしろ，何らかの形で人間の手が加えられている．その中で魚介類だけは，自然の作

用のみによって生み出されたものである．それゆえ「天然物」と聞いただけで需要が上がり，値段は高騰することが多い．しかしながら天然物であるがゆえに，その資源量は自然に変動するし，人間活動の影響も受けやすい．特に環境汚染や乱獲などにより，多くの水産資源は減少または枯渇しつつある．その一方で，特にアジア地域では，急激な経済発展と人口増加により，タンパク源としての魚介類の需要は，年々増加している．それゆえ21世紀初頭には，1000万 t 以上の魚介類が不足すると予想されている．

このような状況を打破するには，新しい水産資源を開発するか，新たに資源を作り出すしか方法はない．しかしながら現在世界中の多くの浅海域では，水産資源はほぼ完全に利用されてしまっている．新たに資源を開発するためには，深海に手を伸ばさざるを得ないが，それには多大の費用を要するとともに，人口増加を支えられるほど多くの水産資源が深海に存在しているとは考えられない．よって将来にわたって水産物を安定供給する唯一の方法として，資源の作成，すなわち養殖が重要視されている．

最近ではスーパーや魚屋でも，「養殖」と記載された魚介類が目につく．国内で養殖されたものだけではなく，海外特にアジア各国で養殖されたものを輸入・販売している場合も多い．特にもともと資源量が少ないか，乱獲などで昨今減少した魚種については，今後も養殖による増産に大きな期待がかけられている．また最近では，天然での死亡率が高い稚仔魚期までを保護しながら人工的に育てた後，天然水域に放流するという方法（種苗放流）も行われるようになった．短期間に多数の種苗を放流することによる生態系への影響，遺伝的多様性の喪失などの問題点はあるものの，魚介類の安定生産に向け大きな期待がかけられている．

7.6.2 東南アジアでのエビ養殖
a. ウシエビ養殖の重要性

東南アジアにおける水産養殖は，かなり歴史が古い．その代表格であるサバヒー（ミルクフィッシュ）は，15世紀以前から塩田やマングローブ域で養殖されていたようである[3]．そのほかにも各種の淡水魚やミドリイガイなどの貝類，オゴノリなどの養殖が行われているが[3]，現在東南アジア各国において最も重要視されているのは，ウシエビ（*Penaeus monodon*，いわゆるブラックタイガー）である．ウシエビはクルマエビ属に含まれ，東南アジアを中心にインド・西太平洋に広く分布する熱帯・亜熱帯性のエビである．成長が早くクルマエビ属の中でも最も大

きく成長するのが特長で,稚エビから半年ほど育てれば商品として出荷できる.養殖物でも天然物に比べてほとんど変わらない味で,冷凍してもあまり味が落ちないということもあって,東南アジア各国で盛んに養殖が行われ,冷凍エビとして輸出されている.

　日本人は無類のエビ好きで,世界の漁獲量の4分の1以上にあたる年間30万t,国民1人あたり年間2.5 kg（クルマエビにして約60匹分）のエビを消費している.そして我々が食べているエビのうちの約90％は輸入に頼っている.エビの輸入量は金額にして3000億円にのぼり,90年代後半まで輸入食品の中でトップの座を占めていた（図7.29）.現在（2002年）でも豚肉,タバコに次いで第3位となっている.またエビの輸入先はほとんどが東南アジアで,いわゆる天然物は少なく,各国で養殖されたものを冷凍して輸入している.エビの重要性は日本だけにとどまらない.世界の水産物貿易中,エビが占める割合は19％に達していて,2位以下を大きく引き離している.

b. ウシエビ養殖の歴史

　ウシエビ養殖の歴史は古く,数百年前にさかのぼる.古来,東南アジアでは伝統的な方法でサバヒー（ミルクフィッシュ）を養殖しているときに,満潮時に海水を養殖池に導入する際,紛れ込んできた天然稚エビが成長し,副産物として収穫されていた[4].しかしこの段階では特に給餌もしなかったので収穫量は少なく,ごく粗放的な養殖にすぎなかった.ウシエビの本格的な養殖は,1968年にLiaoほか[5]が台湾で人工孵化と種苗生産に成功したことに端を発する.それに次いで人工飼料も開発され,1977年には商業ベースで生産が始まった.大量生産されたウ

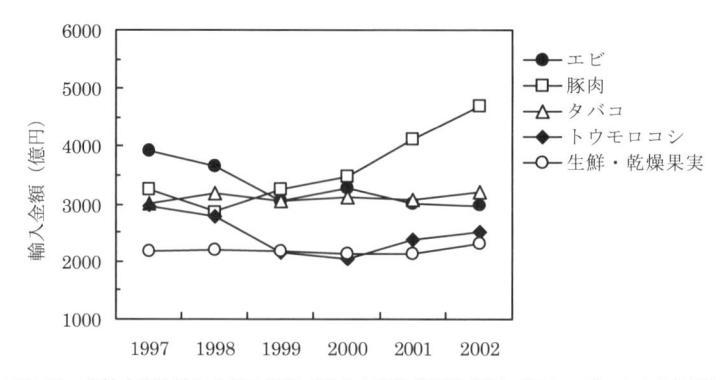

図7.29　農林水産物輸入金額の推移（農林水産物輸出入概況,2002のデータより作図）

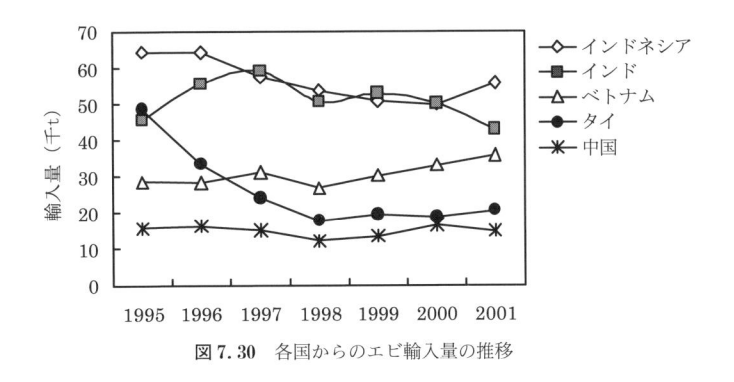

図 7.30 各国からのエビ輸入量の推移

シエビの多くは日本に輸出され，この頃から日本ではエビが大衆食品になっていった．その後台湾でのウシエビ養殖は毎年急増し，1987年には漁獲量が10万t近くにまで達した．この台湾での養殖の成功は，その後フィリピン，タイ，インドネシア等東南アジア各国にも急速に拡大していく．最近ではインドやベトナムなど，よりコストの低い国々での生産が増加している．台湾の養殖が衰退してしまった現在，日本のエビ輸入相手国は，インドネシア，インド，ベトナム，タイなどである（図7.30）．

c. 養殖手法の分類

東南アジアでのウシエビ養殖手法は，表7.10に示すように，粗放的，半集約的，集約的の3方式に分類される[4]．粗放的養殖は伝統的な手法で，高い養殖技術も必要としない代わりに収穫量も低い．一方集約的養殖は，高密度に種苗を導入し人工飼料によってエビを育成させる方式である．収穫量は多いが，海水交換や酸素補給など高度な技術に基づく飼育管理が要求される．半集約的養殖は，これらの中間である．これらの養殖手法については，藤本[6]に詳しく説明されている．

表7.10 東南アジアにおけるウシエビ養殖方式の比較（本尾[3]より引用）

	粗 放	半集約	集 約
池面積	5 ha 以上	3～5 ha	3 ha 以下
種苗密度（万尾/ha）	1 以下	1～5	5 以上
餌 料	天然餌料	天然＋人工餌料	人工餌料
換 水	潮位差	潮位差＋ポンプ	ポンプ
エアレーション	なし	水車	水車
生産量（t/ha/回）	0.3 以下	0.3～1.5	1.5 以上

d. 環境問題

集約的養殖法は狭い養殖池から多くの収穫が得られるので，1970年代以降急速に広まったが，現在では各種の問題が発生している．まず，密飼いによるストレスや人工飼料の食べ残しによる水質・土壌の汚染でエビに疾病が発生しやすくなっている．これを軽減するために，抗生物質などが投与されることが多い．しかしそれはエビ自身が薬品で汚染されると同時に，環境汚染にもつながり，養殖場周辺の生態系に悪影響を及ぼす．これを繰り返すうち，エビの大量死亡を引き起こし，その池では二度と養殖ができなくなってしまう．実際に台湾では，1980年代末にウイルス汚染や地下水の汲み上げによる地盤沈下が深刻な問題となって生産量が激減し，現在でも回復していない．一度養殖池にした土地は塩分を含んでいるので他の用途に転用するのが難しく，使用不可能となった池はそのまま放置され，次々と新しい土地に養殖池を作っていく．その際，マングローブ林を伐採するなどしてさらに環境を破壊しているという指摘も多い．

7.6.3 タイにおけるエビ養殖

a. エビ養殖漁業の発展

水産物はタイの重要な輸出品目であり，外貨獲得のための重要な手段となっている．ところが近年，タイ湾の漁業は極度の乱獲状態に陥っている．これは漁獲される魚類のうち約半分が屑魚で占められていることからも容易に確認できる[7]．タイに限らず発展途上国においては，資源を適切に管理し，持続的に捕獲するという点に十分な配慮がなされてこなかったからである．一度枯渇した資源はなかなか元に戻らない．それゆえ，養殖業に大きな期待がかけられることになる．タイでは1970年代に政府の積極的な奨励や日本からの資金および技術援助により，エビ養殖が急速に発展した．そして海岸線が長く国土面積が広いという利点を生かし，次々と新しい池を作ってエビの養殖を行い，生産量を増加させてきた．エビの集約的養殖はバンコク市内から始まり，次第にその周辺に拡大，その後マレー半島を南下していった（図7.31）．そのころには，バンコク市内の池は老朽化が進んで生産量は激減したが，南タイの生産量がそれをカバーした．1987年には4万5000 haだった養殖場は，1993年には7万2000 haへと急激に拡大し，現在ではタイ国内での養殖量のうち，約4分の3をエビが占めるに至っている．また，エビの総漁獲量の約90％は輸出用に回され，1999年における輸出量は25万tを上回っている．これは金額にして約900億バーツ（約2500億円）にのぼり，工業

品を含めた輸出品目の中においてもエビ製品は10位以内に入っている．そして産業全体で約15万人の雇用を生み出しているといわれているほど重要な産業となった．主要輸出市場は，米国(シェア42.1％)が第1位，次いで日本(同20.6％)，ASEAN諸国(同7.5％)，EU(同5.6％)，等となっている．しかし近年では，タイの経済が急激に成長したために生産コストが高騰して，輸出量は減少傾向にある．

b．エビ養殖漁業と農民

タイではエビの輸出価格上昇による利益につられて，多くの農民がエビ養殖に転向した．米の栽培によって得るよりも5～6倍も多くの金額をエビの養殖によって稼ぐことができるといわれている．そのため沿岸域のみならず，チャオプラヤ川やバンパコン川流域に沿うような形で，内陸部の水田までエビの養殖池に転換してしまった．その結果，淡水域におけるエビ養殖の規模は，現在約2万haにのぼる．ところがエビ養殖を始めた農家のうち多くは，エビ養殖の方法に対する知識が不足している．集約的エビ養殖の方法はきわめて複雑である．給餌方法，温度や底泥の管理を誤ると，エビの全滅につながりかねない．さらに悪いことに，元来農作物で生計を立てていた彼らは，塩水の問題に対処する方法についても限られた知識しか持っていないのが現状である．そして多額の費用がかかる廃水処理場を建設せずに，近隣の水田や灌漑用水路に直接塩水を流してしまい，環境の悪化を招いている(図7.32)．このような状況が続くと，当然環境は汚染される．

図7.31 バンコク近郊の高速道路とウシエビ養殖場
高速道路の左側は一面養殖場である．ここはかつては，マングローブ林であった．

ある実験によれば，エビ養殖場およびその周辺の土壌では地下20mにまで塩水が浸透する可能性がある．養殖場が内陸へ移動・拡大するにつれて，マングローブ林の破壊や，水質汚染といった環境問題がますます悪化することになる．経験不足のエビの養殖業者によって生じた塩分の多い土地は，エビの養殖にもその他の作物の栽培にも向かない不毛の土地になってしまい，養殖開始後5～10年で土壌，水質，および地質に被害が出始めている．

c. エビ養殖と食糧生産との矛盾

また問題は，環境汚染にとどまらない．保守的な米作農家は，水田を次々にエビ養殖場に変えていく養殖業者が，自分たちを土地から追い出そうとしているとして不満を表すようになったのである．そして米作農家は，稲作は同国の基幹産業であると主張し，ついに訴訟問題にまで発展してしまった．これを受け，全国環境委員会（National Environment Board）も「エビの養殖により中央平原の塩分濃度が上昇し，同地域の環境および米の栽培に悪影響を与えている」と警告を出した．同委員会がこの事態を深刻に受けとめる背景には，中央平原がタイの穀倉地帯であり，食糧自給に主要な役割を果たしているという事実がある．

d. 閉鎖系養殖システム

このような農業界と養殖業界との間の論争を受けて，1998年にタイ政府は内陸部におけるエビ養殖の禁止を発表した．ところがこの禁止措置によってタイは外貨獲得の大きな機会を失うことになってしまう．現在ではエビはタイの輸出農水産物の中で，コメを抜いて輸出金額が最も大きい商品となっているのである．そこでタイ漁業省（Department of Fisheries）は対外債務の返済を見込んで「エビが国を救う（prawns save the nation）」と題したプログラムを支援することとな

図7.32 タイのウシエビ養殖場のようす
養殖場内の塩を含んだ水が，直接周囲に排出されている．

った．これは内陸部でも環境を汚染せず，農業とエビ養殖を両立させようとする試みである．たとえば養殖場の周辺に溝を掘り，そこに塩水を貯めて再利用することで，周辺域への海水の放出を防ぐ「閉鎖系養殖システム」の導入を検討している．また内陸部の養殖場には，淡水性のエビや魚の稚魚を支給する．こうすることでより競争力を高めることを目指して経営指針を決め，さらに研究開発に重点を置くよう指導している．しかしながら閉鎖系養殖システムはコストがかかるため，現在の段階では一般農家が導入することは困難である．また淡水性のエビや魚の養殖でウシエビの養殖ほど利益をあげられるかどうかは，今のところ不明である．

その一方で，現在同国水域内における天然ウシエビの生息数は減少しつつあり，今後数年間で国内における繁殖用エビの需要を満たせなくなるおそれが生じている．そこでタイ漁業局は，繁殖用エビの養殖場を建設する計画を発表した．この養殖場の主要な建設目的は，化学物質を使用していない繁殖用エビを国内に供給するとともに，価格を50％程度引き下げることである．

このように，エビ養殖は巨額の利益を生むビジネスであり，外貨を獲得するための重要な手段となっている一方，世界的にも環境への影響が懸念されているだけに，社会的，政治的な問題にもなっている．この問題については，メディアにもしばしば取り上げられているが，具体的な答えが出るまでにはまだしばらく時間がかかりそうである．

さらに学習を進めるために

東南アジアの養殖業に関しては吉田陽一『東南アジアの水産養殖』[5]にさまざまな事例が紹介されている．また，池田八郎『世界の海洋と漁業資源―海洋と大気と魚―』[3]は，いわゆる教科書とは違った視点で水産業のことが書かれていて面白い．一方，村井吉敬『エビと日本人』を読むと，我々日本人が現代生活を享受している裏側で，知らず知らずのうちに環境汚染を招いていることを痛感させられる．ただアジア地域の発展にはめざましいものがあり，現行の状況と既刊の書物による情報とはかけ離れがちである．その点では，インターネットによる情報を常に取り入れることをお勧めする．本稿でも，FAOや水産庁，農林水産省等のホームページを参考にした．

〔笠井亮秀〕

謝　辞

著者がこの原稿を書くにあたっては，ブラパ大学（タイ）のタノムサク・ブンパクディー氏ならびに株式会社辻政の石川一三氏に情報提供をお願いするとともに，文献等を紹介していただいた．ここに記して厚くお礼申し上げる．

註1：ここでは水産業のうち養殖業以外を漁業とよんでいる．また漁業による生産を漁獲といい，養殖による生産量（養殖量）とは区別して用いている．

参　考　文　献

1) FAO Fisheries ホームページ　http://www.fao.org/fi/default_all.asp
2) 藤本岩夫：えび養殖読本，p.270，水産社，1991．
3) 池田八郎：世界の海洋と漁業資源―海洋と大気と魚―，p.231，成山堂書店，1998．
4) 三木克弘：中央水研ニュース，**17**，1997．
5) 本尾　洋：東南アジアの水産養殖（吉田陽一編），pp.35-48，恒星社厚生閣，1992．
6) Liao, I. C., Huang, T. I. and Katsutani, K.：*JCRR Fish. Ser.*, 8：67-71, 1969．
7) 吉田陽一：東南アジアの水産養殖，p.125，恒星社厚生閣，1992．

7.7　林　　業

　林業（forestry）とは，広義にとらえた場合には「森林の多様な機能を発揮させる活動・事業・学問分野」を，狭義には「林産物，とりわけ用材木の育成と利用」を指す．農業（agriculture）に対する silviculture は，育林・造林を意味する．

　1992年に国連環境開発会議で森林原則声明が出されて以来，「持続可能な森林管理」（sustainable forest management）が注目されるようになったが，林業での保続経営（sustained yield management）は，はるか以前より林業の中心課題であった．ここでは東南アジアの林業を「栽培システム」の観点から，すなわち造林に関連する要素がどのように相互に関係しあって，全体として持続性を保っているのかに注意しながら，概観してみよう．

7.7.1　造林体系

　造林体系（silvicultural systems）は，目標とする林型の高さに注目した作業種（高林：high forest，中林：coppice with standard，低林：coppice forest）と，更新方法に注目した作業法（傘伐：shelterwood felling，択伐：selection felling，

皆伐（かいばつ）：clear felling）によって分類される．ヨーロッパ，とりわけドイツの伝統に影響された温帯域での造林体系がどのように熱帯林に適用されてきたのか，その来歴をみてみよう．

a. 傘伐作業

ヨーロッパのブナ林で行われてきた傘伐作業（shelterwood system）では，母樹の下で伐採と更新がうまく組み合わされる．主伐を，予備伐（preparation felling），下種伐（seeding felling），後伐（secondary felling）と時間をおいて分けて実行することで耐陰性の樹種に好ましい環境を作りながら，前生稚樹を育てていくのである．天然更新で目的とする樹種が十分に確保されない場合には，植栽される場合もある．

この傘伐作業は，インド・ミャンマー（ビルマ）のモンスーン気候帯のチーク・サール林で応用された後，さらに半島マレーシアの低地フタバガキ林でMalayan uniform system（MUS）として「成功」した．温帯林に比べて，圧倒的に樹種が多様な熱帯雨林では，商業樹種の密度は低く，さらにその開花結実が不規則なために，管理作業は難しい．この困難はどのように克服されたのであろうか．

西マレーシア（Malesia）のフタバガキ林では数年おきに一斉開花・結実が起こる．この一斉結実の後には，林床に高密度の実生が発生する．実生は時間とともに消失していくが，まだ十分に実生がある段階で上層木を伐採してやれば，光要求度の高いフタバガキ科稚樹がよく生長する．これらの樹種（たとえば *Shorea leprosula, Shorea parvifoliana* など）は成長が速く，明るい色の材（light red Meranti）で，育林樹種としても適している．「伐採は種子豊作の後に（follow the seed）」というのが教訓となっていた．

西マレーシアでMUSが成功したのは，林内に用材に適した樹種の成木が多く，しかも一斉結実によって十分な実生が得られたからである．西マレーシア以外の湿潤熱帯でも，MUSと同様の熱帯傘伐作業（tropical shelterwood system）が試みられてきたが，作業が複雑になりすぎ実行困難となるか，あるいは期待していない先駆樹種・陽樹が一斉に更新するなど，MUSのようにはうまくいかなかった．

b. 択伐作業

マレーシアでは1977年から中小径後継樹の育成に重点をおいた択伐作業（selective management system；SMS）が実行されるようになり，MUSは1980年で中止された．MUSでは50〜80年の輪伐期を想定していたが，SMSでは

20〜30年に短縮されるので，年間伐採割り当て面積は，50ないし80分の1から20ないし30分の1となった．木材市場の要求が，MUSからSMSへの転換を促したのである．

さらにマレー半島においては，1960年代末からパラゴムノキやアブラヤシのプランテーションが急速に拡大していく過程で，多くの低地フタバガキ林がゴム園やアブラヤシ園に置き換えられていった．そのため林業施業の対象も低地林から山沿いの林分へ移行していき，そこではMUSに適した樹種は少なかったので，このこともMUSの中止の原因となった．

ミャンマーでは，19世紀よりブランディス法（Brandis management system）が導入され，それは改良されながら現在のミャンマー択伐作業（Myanma selection system : MSS）に引き継がれている．MSSでは，対象地（経営区：felling series）は30伐区に等分される．毎年一つの伐区を伐採し，30年の伐採周期（felling cycle）で一巡することになる．チーク（*Tectona grandis*）の場合，生育に適した湿潤林では胸高直径（地上から1.3 mの高さの直径）73 cm以上，乾燥林では63 cm以上の立木が伐採される．

c. 皆伐作業

インドネシアやマレーシアではアカシア・マンギウム（*Acacia mangium*）が7〜10年の伐期でパルプ材として生産されている．パルプ材を生産するために天然林を皆伐して，その後に大規模なアカシア・マンギウムの植栽が行われる．

タイでもユーカリ（*Eucalyptus camaldulensis*）が5〜10年の伐期で生産されている．これは産業造林もあるが，農家林業として広く発達している．そのほかにも*Acasia auriculiformi*, *Eucalyptus urophylla*, *Eucalyptus deglupta*，モルッカネムノキ（*Praserianthes falcataria*）などが植栽されている．

7.7.2 地域住民と造林システム

19世紀半ばよりの植民地林業からはじまった造林体系では，熱帯雨林域ではMUSが，モンスーン林域ではMSSがその代表例である．しかし，こうした造林体系では，地元住民はその視野に入っていない．それは地元住民を排除して囲い込んだ指定林の中で行われる，用材生産に特化した林業システムである．

同じことは，インドネシアの産業造林にもいえる．大規模な土地を囲い込んで，もともとの自然植生とはまったく異なる環境を作りだし，同時に地域住民との軋轢が山火事などに結びついている．

東南アジアでは，植民地期から工夫されてきた用材の造林システムは技術的にはほぼ完成したものの，国や企業が経営する大規模な用材モノカルチャーは政治・社会的な理由でうまく機能しなくなった．森林を利用してきた住民を排除しながらの伐採や造林は，さまざまな軋轢を生み，それが熱帯林の荒廃をさらに進めることになったのである．

そこで国や企業ではなく，住民を担い手とした，住民のための林業として社会林業 (social forestry) が重視されるようになった．社会林業は，農場林業，村落林業，農村開発のための林業ともよばれ多義的であるが，その特徴は農民・農業とのさまざまなレベルでの結びつきである．技術的な視点からは，農作物栽培と林業との結合は，アグロフォレストリー (agroforestry) といわれる．

7.7.3 アグロフォレストリー

アグロフォレストリーとは，農作物や家畜と組み合わせて樹木を育てる土地利用システム・技術の総称で，人類が古くから行ってきたごく身近な土地利用の方法を新しい用語で呼びかえたものである．

アグロフォレストリーが注目されるのは，熱帯発展途上諸国が抱える，森林減少と農業生産の問題への対策として期待されているからである．熱帯林減少の大きな要因となってきたのは農地への転換である．熱帯林の減少をくい止めて，さら農業生産を増大させるにはどのような方法があるだろうか．この二つの命題は，二律背反のように思われる．しかし，土地利用システムの中で樹木と農作物や家畜を組み合わせれば，土地の生産力を高めつつ，少しでも森林を回復して生態的な安定性を取り戻すことができる．森林再生と農業生産を同時に実現できる方法としてアグロフォレストリーが注目されるようになったのである．

樹木と農作物・家畜・その他の要素を空間的・時間的にどのようにして組み合わせるかによって，アグロフォレストリーは多様な形態をとる．農林複合 (agro-silviculture)，林牧複合 (silvo-pastoral systems)，農林牧複合 (agro-silvo-pastoral systems) の組み合わせに加えて，農林水産複合 (agro-silvo-fishery) などがあり，さらに空間的な組み合わせが垂直的なのか水平的なのか，時間的な組み合わせが同時的なのか逐次的なのかによってそれぞれが区分される．

同時型アグロフォレストリーには，アレー・クロッピング (alley cropping)，パークランド・システム (parklands systems)，混牧林 (silvopastoral systems)，ホームガーデンなどがあり，逐次型アグロフォレストリーには，焼畑 (shifting cultivation），リレー間作（relay intercropping），改良休閑（improved fallows），タウンヤ法（taungya systems）などがある．以下に，アグロフォレストリーの代表例を紹介する．

a. ホームガーデン

屋敷地に果樹などの樹木を植え込むことは熱帯で広く行われている．なかでもインドネシアのジャワ島ではプカランガンとよばれるホームガーデンがよく発達している．プカランガンには，サトウヤシ，ココヤシ，ビンロウジュ，カポック，ジャックフルーツ，ドリアンなどの果樹，木本植物や作物が植栽されていて，それに池での養魚やヤギなどの家畜飼育が組み合わされている．生活空間が水田とサトウキビなどの商品畑作地に取り囲まれた中で，自給用の燃材・用材や食料を確保するために園地を最大限に利用するように工夫した結果がプカランガンである．熱帯林のミニチュアのようなプカランガンは，水田地帯に浮かぶ緑の島となって広がっている．

b. ダマール園

インドネシア・スマトラ島のクルイ地方には，2万 ha の *Shorea javanica* 植栽地があり，そのうちの1万 ha から年間1万 t のダマールが生産されている．これはインドネシアで流通するフタバガキ樹脂の 80％である．ダマールとは，フタバガキ科の樹木から採取される樹脂で，地元では，灯火，船の水漏れ防止などに，工業的には，塗料，インキなどに利用されている．

Shorea javanica の苗木は，果樹などとともに焼畑地に植え付けられる．1年目は，陸稲とともにパパイヤ・バナナを植え付け，2年目にはコーヒーを植え，3年目には *Shorea javanica* とドリアンなどの果樹をコーヒーの間に植え込む．8年目から果樹の収穫が始まり，20～25年目に樹脂の最初の収穫が行われる．このようにして焼畑地が見事なまでのフタバガキ混交林となっていくのである．

c. タウンヤ法

焼畑も，作付け期には農作物が，休閑期には樹木が生育することで長期的に安定した合理的な土地利用が実現するアグロフォレストリーの一つと考えられている．この焼畑の休閑期を用材木の育成に置き換えたのがタウンヤ式造林法（以下タウンヤ法とする）である．

タウンヤとはビルマ語で山（タウン）の畑（ヤ），すなわち焼畑を意味する．タウンヤ法は，19世紀からミャンマー（ビルマ）でチーク造林に用いられ，その後，インドネシアの「ツンパンサリ」やタイの「修正タウンヤ法」として熱帯諸国に

広く普及していった．タウンヤ法では，参加農民を募集して国有林地を割り当てる．参加農民は，地拵えや植栽といった造林作業に従事し，同時に植栽木が幼齢で樹冠が閉鎖するまでの間，植栽木の間で農作物を栽培する．間作することで，除草・下刈の手間と経費が省け，また山火事の侵入なども防止でき，造林成績が向上する．

d. ラオスにおける安息香生産

ラオス北部とベトナム北西部の山地に分布するトンキンエゴノキ（*Styrax tonkinensis*）からは，香料や薬の原料となる安息香が採取され，とくにラオス北部はシャム安息香の産地として古くから知られてきた．トンキンエゴノキは早成の在来種で，とくに焼畑休閑林での優占種となる．安息香は，この焼畑と組み合わされたアグロフォレストリー・システムの中で生産されてきた．

ここでは，ラオス北部ルアンプラバン県の事例を紹介する．村の周辺の焼畑休閑地2次林の多くは，トンキンエゴノキの林となっている．12月末から2月にかけて焼畑予定地の林を伐開し，3月末から4月に火入れする．この火入れにより前年秋に自然落下したトンキンエゴノキの種子の発芽が促進される．5月に入り雨が降ると，陸稲を点播する．陸稲のほかに，キャッサバ，ゴマ，トウガラシ，ノゲイトウ（アマランサス），ハトムギ，ラタンなどが焼畑で育てられる．陸稲が30 cmほどの草丈になったころには，高さ5 cmほどのトンキンエゴノキの実生がほぼ焼畑地全体にみられる．除草は3回行い，その際，トンキンエゴノキをうまく間引いてゆく．陸稲の収穫時には，トンキンエゴノキは人の背丈ほどに伸びている．安息香の採取は，7年目と8年目に行い，9年目には伐開して，新たに焼畑を行う．

アグロフォレストリーが成立するには，組み合わせの利点が不可欠である．トンキンエゴノキの例では，焼畑の火入れが発芽を促し，休閑林の先駆種として成長する．そして，樹脂が採取された後に伐倒され，新たな焼畑サイクルに入るのである．ここでは次の2点が焼畑との組み合わせを有利にしている．すなわち，①火入れにより発芽が促進され，陽樹であるという先駆種としての特徴と，②樹脂採取が2年間しか行えないため更新が必要であることである．

7.7.4 小農の営農システムと結びついた林業

ホームガーデンなどの同時型アグロフォレストリーは，熱帯林の多層構造を模倣している．またタウンヤ法や安息香生産は，焼畑の休閑期に有用な樹木を組み

合わせた逐次型アグロフォレストリーである．ともに在来の土地利用システムの利点を取り入れて，土地生産力の向上と生態的な安定性を実現している．アグロフォレストリーは，森林の機能を活かしつつ，土地生産力を高めて行く古くて新しい土地利用システムである．

焼畑は熱帯林減少の大きな要因とされるが，休閑期には森林が回復してくる．この休閑地が地域ごとにさまざまに工夫され利用されている．攪乱によって生み出される二次遷移初期の植生の中にある非木材林産物の商品化など，休閑地は，生産的な休閑（productive fallow）として当面の生活を支える収入源となり，より長期的な森林回復への足がかりとなる点で重要である．林業が森林の多様な機能を発揮させる活動であるとするならば，休閑期間を含めた焼畑システムもまた林業の一つといえる．

林業と農業との大きな違いは，生産の長期性である．農業は毎年繰り返されるが，特に長伐期の熱帯用材林業はやっと最初の収穫が始まったばかりのシステムなのである．この長期性を克服するためには，やはり地元住民の参加と農業と林業の組み合わせが大切である．

東南アジアでの木本工芸作物の商品生産の歴史は長いが，それらは大規模プランテーションよりも，むしろ小農のアグロフォレストリーとして成立してきた．パラゴムノキの植栽は焼畑と組み合わせておこなわれることが多い．またインドネシア・スマトラ島のダマール園，シナモン園などは，農民アグロフォレストリーの代表とされてきた．商品生産を通じて森林が仕立てられるという事例は，すなわち市場経済下でも小農の生産活動を通じた熱帯林の保全が可能なことを示している．小農の営農と結びついた「林業」は，これからの東南アジアにとって重要な林業システムである．

さらに学習を進めるために

林業システムの歴史的な理解には，ジャック・ウェストビー「森と人間の歴史」が役立つ．Nancy Lee Peluso "Rich forests, poor people: resource control and resistance in Java" と Raymond Bryant "The political ecology of forestry in Burma"は，インドネシアとミャンマーでの地域住民と造林システムとの関係の歴史を詳述している．また FAO (http://www.fao.org/forestry)，国際林業研究センター (CIFOR, http://www.cifor.cgiar.org)，世界アグロフォレストリーセンター (http://www.worldagroforestry.org) などのホームページは，東南アジ

アの林業に関する最新の情報を提供している．　　　　　　　　　〔竹田晋也〕

参 考 文 献

1) Evans, J., and Turnball, J. W. : *Plantation Forestry in the Tropics: The Role, Silviculture and Use of Planted Forests for Industrial, Social, Environmental and Agroforestry Purposes*, Oxford University Press, 2004.
2) Lamb, D. and Whitmore, T. C. : *Foundations of Tropical Forest Biology: Classic Papers with Commentaries* (Robin L. Chazdon and T. C. Whitmore ed.), pp.771-778, The University of Chicago Press, 2002.
3) Matthews, J. D. : *Silvicultural Systems*, Oxford University Press, 1989.
4) Nair, P. K. R. : *Agroforestry Systems in the Tropics*, Dordrecht, Kluwer Academic Publishers, 1989.
5) Wyatt-Smith, J. and Panton, W. P. : *Malayan Forest Records*, No. 23, III- 4, 1963.

8. 研究方法

8.1 ファーミングシステムアプローチ

　研究機関で開発された技術が現場に普及・定着しないのはなぜか．この古くて新しい課題に応えようとするのが，ファーミングシステムアプローチである．途上国の現場へ足を踏み入れた経験が多少ともあれば，開発協力に携わる研究者・実務者に必要なのは「現場を歩く足，本当のことを見る目，地元の人たちの意見を正確に聴く耳，現地の人々とともに考える柔らかな心」[6]であることに異論はないであろう．書物（だけ）からこれらのことが学べるわけではない．経験の積み重ね，場数を踏むことでしか身につかないこともあろう．しかし，先人の経験を共有するのも人間の知恵である．

　ファーミングシステムアプローチは，現場での試行錯誤の積み重ねによって発展してきた研究・開発・普及の方法論である．したがって，学問として体系化されたものではないし，それを目指してもいない．個々の手法はマニュアル化されているものもあり，それらを机上やワークショップで学ぶことができるが，一方で「手法」の硬直的な適応によって思考の柔軟さが失われることにもなりかねない．マニュアルは白紙であり，現地の人々との協働でそのつど書かれるものである，ということを常に念頭に置かなければならない．このように，ファーミングシステムアプローチを定義づけるのは困難であるが，さまざまな手法に共通する原則を3点示す．第一に，現場では経験に基づいて，複数の原因，複数の目的，複数の解決法があることを認める多元的アプローチをとる（文献[20]翻訳版，p 93）．第二に，問題把握の仕方として"etic"（外部者の知識・認識・体系・分類・世界観）ではなく"emic"（地域住民のそれら）を心がける．第三に，一つの現実であっても視点が異なればその見え方は異なる．インタヴューでも，質問者，質問内容，質問の仕方等によって，回答者の意図の有無にかかわらず，その内容が大きく食い違うことはしばしば経験することである．偏りのない事実把握のためには，

異なる調査方法，分析者，情報源等による三角検証（triangulation）が肝要である（文献[21]翻訳版，p.32）．

8.1.1 ファーミングシステムとはなにか
a. ファーミングシステムの概念モデル

ファーミングシステムとは，通常，ある目的を持って世帯単位で営まれる農業，非農業的活動の比較的安定したパターンを指す．ただし，把握しようとするレベルや対象とする問題の側面に応じてその意味するところは大きく異なる．対応する日本語を考えることで整理することができよう．世帯が基本単位であれば「営農体系」，農業生態学的観点から広くとらえようとすれば「農業体系」，技術的側面に着目（限定）する場合「農法」といった用語が適当であろう[8]．

基本概念として，世帯単位でみた場合を図8.1に示した．サブシステムの選択，機能，結合の仕方は，基本的に，その世帯（あるいは経営体）の目的（世帯員の生存，利益最大化等）によって決められるが，それぞれの構成要素は相互依存的であり，システム全体の安定性，継続性は，それを取り巻く社会経済，自然的環境に大きく依存する．

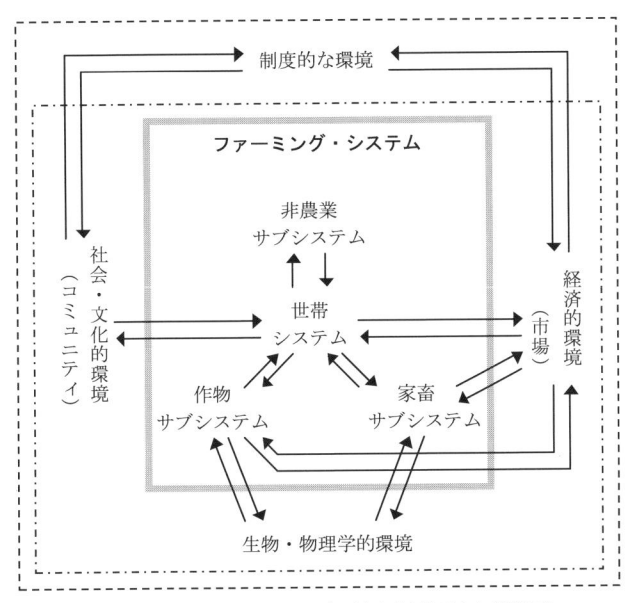

図8.1 ファーミングシステム概念図（文献[19]を加筆修正）

自給的性格の強い途上国の農家は，限られた資源を効率よく使い，生産物も余すところなく利用し，リスクへの備えも怠らない．たとえば，酸性土壌や乾燥に強いキャッサバは，きわめて広範な地域（アジア，アフリカ，中南米の乾燥，湿潤地帯）で，多様な方法（単作，混作，無施肥粗放，施肥集約）で栽培されている．若葉は食用，堅くなった葉は飼料，木化した茎は燃料，主産物である塊根は食用，飼料用（チップ等），でん粉原料用となる．おなじ食用であっても，常食であったり干ばつ時の（米に対する）代替食であったりする．でん粉原料用としては，ほぼ100％販売であるが，食・飼料用の場合自家消費と販売の割合は状況に応じてさまざまである．同様のことはトウモロコシ，ソルガム，大麦等についてもあてはまる．また，乾燥地帯では牛糞は建築資材，燃料として非常に貴重なものである．あるいは，集落の後背林には宗教的な意味があったり，ホームガーデン（7.7節参照）で自生もしくは栽培されるさまざまな草木類には，医療，観賞，防虫，等々じつに多様な用途がある[31]．

つまり，それが置かれるファーミングシステムによって，一つの作物（家畜，副産物）の住民にとっての役割や意義は大きく異なるのである．このことを知れば，多肥で稠密な肥培管理を要求する高収量品種，堆肥=わら交換による畜耕複合システム，といった先進国で開発された技術が，なぜ現場ではまったく受け入れられないかという問題も容易に理解できる．圃場の形態や水文には，そこで暮らしてきた人々の歴史が刻まれており[5]，人と作物・動物との関係性の背後には人と人との関係性（土地所有，ジェンダー等）がある．学際的アプローチでなければ，ファーミングシステムが理解できない理由もここにある．

b. システムの階層・類型

システムを階層的にとらえると図8.2のようになる．どのレベルでシステムの単位を把握するかは，研究目的によって異なる．たとえば，特定の作物の単収を，圃場，農家（世帯），村，集水域，地域，国家レベルで比較分析することは可能であり，それぞれに意味を持つ（文献[8]，pp.125-27）．

たとえば，FAO[26]は，世界の貧困削減へ向けた開発政策の優先度を明確化することを目的に，地球的規模でファーミングシステムの類型化を試みている．すなわち，農村部の貧困削減には，(1) 既存の部門の集約化，(2) 農業多様化・付加価値増大，(3) 規模拡大，(4) 非農業所得拡大，(5) 農業から非農業への完全な移行，といった方策が考えられる．複数の方策を組み合わせることも可能であるが，いずれが適切であるかは当該地域の条件による．共通する可能性，制約を有するフ

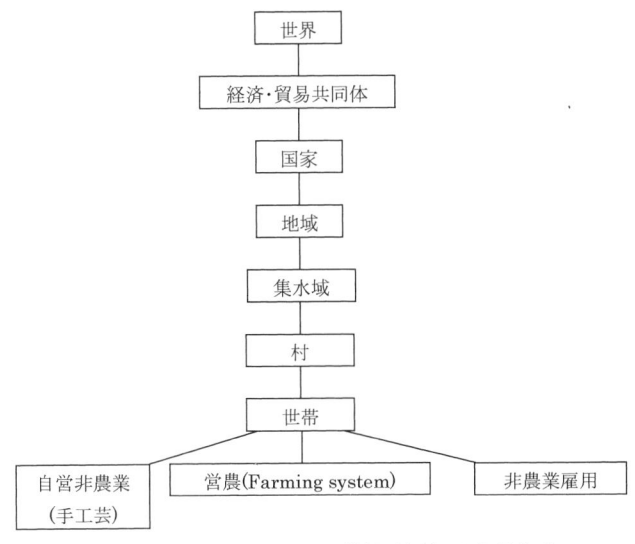

```
            世界
             │
      経済・貿易共同体
             │
            国家
             │
            地域
             │
           集水域
             │
             村
             │
            世帯
      ┌──────┼──────┐
  自営非農業  営農(Farming system)  非農業雇用
  (手工芸)
```

図 8.2 ファーミングシステムの階層（文献[24]を加筆修正）

ァーミングシステムを類型化することによって，実効性の高い開発戦略の策定が可能になるという考え方である．このような観点から，水資源，気候，地勢・標高，立地条件，主要作物・家畜（の組み合わせ）によって，次のような八つの主要なシステムを類型化している．①灌漑農業システム，②水稲を基礎に置く農業システム，③湿潤地域の天水農業，④傾斜地・高地の天水農業，⑤乾燥地域・寒冷地の天水農業，⑥大規模商業的農業と小規模自給的農業の混在システム，⑦沿岸地域の半農半漁，⑧都市農業，である．これらを六つの発展途上地域に適応させて合計 72 のシステムを定義づけた（表 8.1）．そして，資源の賦存条件や市場条件に基づいて，システムごとに貧困削減戦略の有効性を相対的に順位づけている（表 8.2）．資源に恵まれる灌漑システムでは，集約化，多様化が有効である．水稲システムや湿潤地域の天水システムではすでに集約化がある程度進んでおり，多様化や兼業化の有効性が相対的に高い．大規模農場と小農の混在システムは，大規模部門での集約化・多様化，小農部門での規模拡大と，農業内でのポテンシャルが高い．これら 3 システムでは，さまざまな形態をとった農業開発が貧困削減に大きく貢献することが期待される．その一方で，資源制約が強い高地・乾燥・寒冷天水システムや沿岸地域では，非農業の振興が主要な貧困対策とならざるを得ない．また，都市農業は集約化の余地は限られているが多様化を通じた農業振

8. 研究方法

表8.1 世界途上国地域のファーミングシステム（FAO, 2001）

	サハラ以南アフリカ[*1]	中東・北アフリカ[*2]	東ヨーロッパ・中央アジア[*3]	南アジア[*4]	東アジア・太平洋[*5]	中南米・カリブ海[*6]
小規模灌漑農業システム	灌漑農業	灌漑農業				灌漑農業
水稲を基礎に置く農業システム				米 米―小麦	水田農業	
湿潤地域小規模天水農業	アグロフォレストリー 米―果樹 根菜類 穀物―根菜 トウモロコシ混合			果樹	根茎作物 温帯作物混作	アグロフォレストリー 集約的混作 トウモロコシ―豆類
高地小規模天水農業	高地多年生 高地温帯作物混作	高地混作		高地混作 山間粗放	集約畑混作 高地粗放混作	高地集約混作 高地混作（中央アンデス） 湿潤温帯森林放牧
乾燥・寒冷小規模天水農業	アグロパストラル 草地 乾燥粗放	天水混作 乾燥混作 草地 乾燥粗放	穀物―家畜 乾燥粗放	天水混作 天水乾燥農業 草地 乾燥粗放	草地 乾燥粗放 森林粗放	乾燥混作 草地 森林粗放
大規模商業的農業と小規模自給の農業の混在システム	果樹 大規模商業・小規模自給の組合せ		灌漑農業 混作 森林放牧 園芸混作 大規模穀物―野菜 粗放的穀物―家畜 草地 寒冷粗放		果樹混作	沿岸プランテーション混作 粗放的混作 穀物―家畜 温帯混作 粗放の乾燥混作
沿岸地域の半農半漁	小規模沿岸漁業	小規模沿岸漁業		小規模沿岸漁業	小規模沿岸漁業	
都市農業	都市農業	都市農業	都市農業	都市農業	都市農業	都市農業

*1：アンゴラ、ベニン、ボツワナ、ブルキナ・ファソ、ブルンジ、カメルーン、カーボベルデ、中央アフリカ共和国、チャド、コモロ、コンゴ、コンゴ民主共和国、コート・ディヴォアール、ジブチ、エリトリア、エチオピア、ガボン、ガンビア、ガーナ、ギニア、ギニア・ビサウ、ケニア、レソト、リベリア、マダガスカル、マラウィ、マリ、モーリタニア、モーリシャス、モザンビーク、ナミビア、ニジェール、ナイジェリア、南アフリカ共和国、レユニオン、ルワンダ、サン・トメ・プリンシペ、セネガル、セイシェル、シエラ・レオネ、ソマリア、スーダン、スワジランド、タンザニア、トーゴ、ウガンダ、ザンビア、ジンバブエ．

*2：アルジェリア、エジプト、イラン、イラク、ヨルダン、レバノン、リビア、モロッコ、オマーン、サウジ・アラビア、シリア、チュニジア、イエメン、ウエストバンク・ガザ．

*3：アルバニア、アルメニア、アゼルバイジャン、ベラルーシ、ボスニア・ヘルツェゴビナ、ブルガリア、クロアチア、チェコ共和国、エストニア、グルジア、ハンガリー、カザフスタン、キルギスタン、ラトビア、リトアニア、マケドニア、モルドバ、ポーランド、ルーマニア、ロシア連邦、スロバキア、タジキスタン、トルコ、トルクメニスタン、ウクライナ、ウズベキスタン、ユーゴスラビア連邦共和国．

*4：アフガニスタン、バングラデシュ、ブータン、インド、モルジブ、ネパール、パキスタン、スリランカ．

*5：カンボジア、中国、インドネシア、北朝鮮、韓国、ラオス、マレーシア、モンゴル、ミャンマー、フィリピン、タイ、ベトナム、太平洋諸国22ヶ国．

*6：アンティグア、アルゼンチン、バハマ、バルバドス、ベリーズ、バーミューダ、ボリビア、ブラジル、ケイマン諸島、チリ、コロンビア、コスタリカ、キューバ、ドミニカ、ドミニカ共和国、エクアドル、エルサルバドル、グレナダ、グアテマラ、ガイアナ、ハイチ、ホンジュラス、ジャマイカ、メキシコ、オランダ領アンティル諸島、ニカラグア、パナマ、パラグアイ、ペルー、セントキッツ・ネイビス、セントルシア、セントビンセント・グレナディーン諸島、スリナム、トリニダード・トバゴ、ウルグアイ、ベネズエラ．

表8.2 ファーミングシステムごとの貧困削減戦略（FAO, 2001を一部修正）

	集約化	多様化	規模拡大	非農業所得拡大	農業から撤退
小規模灌漑農業システム	+++	++		+	
水稲を基礎に置く農業システム	+	+++		++	
湿潤地域小規模天水農業	+	+++		++	
高地小規模天水農業		+		+++	++
乾燥・寒冷小規模天水農業		++		+	+++
大規模商業的農業と小規模自給的農業の混在システム	+++	++	++		
沿岸地域の半農半漁		+		+++	++
都市農業		++	+	+++	

＊：「＋」はシステムごとの貧困削減戦略の相対的有効性を示す．

興は可能性がある．総じて，広い地域において農業多様化が貧困削減に有効であることがわかる．

　以上のようなマクロレベルでのファーミングシステムの類型化は，国際農業研究センターや国レベルでの研究や政策立案においては有益な情報を提供する．ただし，実際に開発プロジェクトの実施単位となるミクロレベルでは，そこで営まれる農業のあり方は，多様性に富んでおり地域の個性が強く，定式化された処方箋は有効でないばかりか時として有害でもある．ほぼ同一の農業生態・社会経済環境を有する集水域ないしは村レベルで，営農や制約条件等によって農家を類型化し，類型ごとに適した解決方法（処方箋）を提示しようとするのが典型的なファーミングシステム研究（FSR）である．

8.1.2　参加型調査・開発手法の発展・深化

　FSRは，その参加型調査・開発手法に特長があるが，それは開発現場での試行錯誤を通じて，地域住民と外部者との関係性を見直すことによって発展・深化してきた．そのような過程で開発された一連の手法は，それらの特徴からRRA (rapid rural appraisal；1970〜80 年代，迅速・適切な情報収集），PRA (participatory rural appraisal；1980〜90 年代，住民の能力開発），そして最近では PLA (participatory learning and action；1990 年代以降，住民と外部者が対等の共同学習者となる）と整理することができる[17]．

a. RRA の代表的手法：対象地域への一次接近としてのソンデオ

ソンデオ（The Sondeo）は，予算，時間その他の制約に対処するものとしてグァテマラ農業科学技術研究所で開発された迅速調査法である．社会経済と技術の専門家各 5 名，計 10 名からなる視察チームが，農民の抱える諸問題や技術ニーズを調査する．定式化した質問票は用いず，社会科学の専門家と自然科学の専門家がペアを組んで 1 週間で 40〜150 km^2 の地域を踏査する．6 日間の作業手順は以下のようである[28]．［1 日目］：チーム全員による当該地域の概況視察．地域の最も重要な作付・営農システムに対する予備的な把握を行い，システムの境界線を大まかに把握する．農民と個別に話し合った後，全員でインタビューの解釈について議論する．［2〜3 日目］：初日の概況把握を参考にして 5 組のペアが地域内に散らばり，半日もしくは 1 日インタビューを続ける．調査結果について全員で議論し，問題解決のための仮説を暫定的につくる．討論を通して各メンバーは，地域が抱える問題を理解するうえで異なる視点からの解釈がいかに重要であるかを学ぶ．翌日は，ペアを入れ替え同様の調査・討論を続ける．［4〜5 日目］：各メンバーが報告書のどの部分を担当するかを決め，再び現場へ赴く．その後，報告書作成に着手するが，その間も自由に意見交換を続ける．グループの誰もが答えられないような問題にぶつかれば，その都度現場へ出て追加調査を繰り返す．調査がひととおり終了した後，各チーム員が自分のレポートを全員の前で報告，討論，修正を経て承認，6 日目に報告書を完成させる．

ソンデオに代表される RRA では，研究者の基本姿勢が農民に「教える」から「学ぶ」に逆転したことに従来の「技術移転パラダイム」からの転換がみられ，途上国の現場のリアリティを迅速かつ正確に把握するためのさまざまな手法が開発・深化していった．1980 年代半ば以降は，農民の主体性がより強調されるようになり，一連の「参加型」手法は PRA と総称されるようになる．

b. PRA 手法を体系化した PCM

PCM（project cycle management）は，開発援助プロジェクトの計画立案・実施・評価という一連のサイクルを，プロジェクト概要表 PDM（project design matrix；1960 年代後半に米国国際開発庁（USAID）が開発したログフレームが起

源）を用いて管理運営する手法で，参加型計画手法とモニタリング・評価手法からなる．国際開発高等教育機構（FASID）が，ドイツ技術協力公社（GTZ）の目的志向型プロジェクト計画立案手法（ZOPP）を参考に1990年から開発，改良を重ねている．国際協力機構（JICA）は，1994年以来PCMを本格的に導入した．PCMの特徴は，参加型（関係者が計画に主体的に参加することにより，正確なニーズ把握，オーナーシップ向上が期待できる），論理性（問題状況を「原因-結果」，解決方法を「手段-目的」の論理で分析．1枚のPDMでプロジェクトの全体像が縦の論理で示される），一貫性（計画-実施-評価の全過程をPDMで一貫して運営管理する）にある[11]．

計画立案の各段階は，援助側，被援助側双方の関係者が参加する一連のミーティングでなされる．このミーティングは単なる会議ではなく，情報共有，問題の視覚化のため，参加者がカードに意見を書いてボードに貼る，といった作業を伴うのでワークショップとよばれる．ワークショップの手順やルールは定式化され，進行役のモデレータは専門的資格として認められている．

PCMに代表されるワークショップを活用した計画立案手法は応用範囲が広く，類似の手法が多くの開発援助機関で採用されている．しかし，いくつかの問題点（計画立案の質はワークショップ参加者に左右される，モデレータは恣意的にワークショップの方向性を誘導できる，PDMが制約となって状況変化に応じた臨機応変な対応ができない，当初の計画になかった活動は正当な評価を受けられない，等）は早くから指摘されており，硬直的な利用は避けなければならない[7]．また，PRAをはじめとする参加型開発手法の先駆者であるロバート・チェンバースらは，次のような問題点からZOPPは依然としてトップダウンの手法であると批判している．すなわち，問題が過度に単純化されてしまう，多様な意見があってもコンセンサスが強要されてしまう，「ターゲットグループ」を主体ではなく客体として扱う，といった点である．

c. 対象範囲を拡大し「彼-我」の関係性の変革まで迫ろうとするPLA

参加型研究・開発の流れは，"Farmer First"，"Putting the Last First"，"Putting the First Last"といったスローガンにみられるように，「研究」的側面は徐々に後退していき，外部者（研究者，開発専門家）と内部者（地域住民）という区分そのものまで根本的に問い直そうとするものである[21]．したがって，"rural"の限定は不要，活動の幅も"appraisal"を超え，参加者の姿勢の変化とその過程を重視するということで，participatory learning and action：PLAとよばれるよう

になった．

　PLAの主要な手法を表8.3に示す．それぞれの詳細については，参考文献等をあたってほしい．目的や資源（時間，人員）に応じて，適宜，複数の手法が組み合わせて用いられることになろう．住民との対話を通じて信頼関係を築きながら，その地域が抱える問題の本質，解決の方法，将来ビジョン等をめぐって住民とともに知識創造を図るための道具である．

d. 参加型研究・開発における研究者の役割

　以上述べたような参加型研究・開発が推進されてきた背景には，要素還元的分析手法は複雑なファーミングシステムの理解においては農民の経験的現実把握に及ばない，との認識がある．所与の環境で最適な技術選択をしている，との農民

表8.3　参加型調査・開発手法（プロジェクトPLA編，2000より抜粋・加筆）

1. 対話による情報収集・意見交換（すべての手法に共通する基本ツール）
   - インフォーマル・インタビュー：偶然に出会った住民との立話など．メモはとらない．
   - 半構造型インタビュー：大ざっぱに決めたテーマに沿ったインタビュー．
   - 構造型インタビュー：調査票を用いた面接調査．
   - フォーカスグループ・インタビュー：特定のテーマについて．グループ討議も含む．

2. 空間把握（模造紙や地面などに絵やシンボルを活用して地図を描く）
   - 生活マッピング：集落配置・境界，生産，購買，娯楽等日常の生活範囲．
   - トランセクト：地勢，土壌，植生，土地利用等の横断面図．
   - 資源・生産・資金循環図：作付，収穫物，副産物，廃棄物等の物質・資金循環．

3. 時間の流れ（地域全体の歴史，個人史から毎日の日課まで）
   - 年表：国の独立，自然災害，インフラ整備，森林の増減，結婚，出産，家族の死．
   - 季節カレンダー：季節変化，年中行事，農作業歴，出稼ぎ，病気多発期，季節的洪水，干ばつ．
   - 日課・行動表：起床から睡眠まで．平均一日，特定の日，曜日別，性・年齢・職業別．
   - 将来予測・構想：人口，環境・資源，経済・社会等についての将来予測，望ましい姿・目標．

4. 社会構造・関係（階層構造，政治・経済組織，社会・文化活動）
   - ベン相関図：（イン）フォーマル組織の参加者，活動内容，協力・敵対関係．
   - ロールプレイ：特定のテーマ（植林プロジェクト等）について，住民が（通常本人とは異なる）利害関係者（政府・村役人，NGO，民間企業，男，女，子供，老人等）の役を演じ，観ることによって他人の立場，問題の背景等を理解する．

5. 比較手法（世帯の社会・経済的位置，組織の重要度，作物やプロジェクトの選好）
   - スコアリング：持ち点を評価対象に配分，合計得点で順位付けする．
   - 一対比較法：評価対象を総当たりで二者比較．勝ち1点，負け0点とし，合計得点で順位付け．
   - ランキング：住民の豊さを土地，家屋，職業等の基準でランク付け（たとえば5段階）し，各世帯がどのランクに入るか分類する．基準を決めずに分類した後，住民が何を豊かさの指標としているか確認する方法もある．

6. 因果関係の分析
   - 樹形図：特定の問題（病気）の原因（蚊）―結果（マラリア）関係を樹形図で示す．

像はシュルツ[28]にまでさかのぼる．しかし，新たな選択肢を提供するという点では，外部者である研究者の役割は低下することはない．農民主導の行き過ぎに対する懸念も比較的早くから指摘されている[18]．参加型のメリットは，以下のような組織的知識創造のプロセスにあるといえよう．

地域社会は複雑で多様なシステムであり内外の環境も常にダイナミックに変化する．したがって，地域開発はすべてを事前に準備する方法は成り立たず，外部からの働きかけに対する地域住民の対応・変化を見きわめながら，柔軟な取り組みを段階的・循環的に繰り返さなければならない．地域開発の現場では日々繰り返される試行錯誤の過程で多くの経験（成功，失敗）が蓄積されていく．それらが個人的な経験にとどまらずに組織の知識となり，さらには他の地域でも活用可能なものに普遍化するのが，組織的知識創造のプロセスである．すなわち，個人の暗黙知（明示化されていない思い）を共有する「共同化（socialization）」，共有された暗黙知から明示的に言葉化・図表化された形式知としてのコンセプトを創造する「表出化（externalization）」，既存の形式知と新しい形式知を組み合わせて体系的な形式知を創造する「連結化（combination）」，それら体系化された形式知を実体験することで暗黙知として身に付ける「内面化（internalization）」の，四つのプロセスである．このプロセスはスパイラルの形をとり，知識は，個人→グループ→組織→組織間へと上昇・拡大し，内面化によって再び（ずっと豊かになって）個人に戻る[15]．

参加型アプローチを早くから提唱し現在もリードするチェンバースも，在来知と近代的知識との補完関係について次のように適切な指摘をしている．すなわち，外部者（outsider）の体系だった近代的知識は，書物や情報端末で容易にアクセス・伝達可能でいわば中央集権化している．在来の知は，農村の人々の生活に埋め込まれており，無数の異なる環境のもとで無数の異なる集団の中に文書以外の無数の異なる形で存在している．たとえば，薬草について最も知識があるのは老婆である．いつも空腹の牛追いの少年は食用になる野生果実についてよく知っている．蜜の収集家は花の咲く順番や植物の特徴に詳しい（文献[20]翻訳版，p.166）．極限状態で生活している人々にとって，状況判断の正否は時として死活問題となる．世代を越えた経験の積み重ねによって，刻々と変化する周囲の環境に対する観察眼はとぎすまされたものとなる．植物の分類や気象に関する民間伝承，植物の毒性や薬効を確認するための実験的アプローチなどは，その簡便性，正確さ，情報量の豊富さにおいて外部者のそれをしのぐほどである．しかし，有害な迷信や習慣

も保健衛生，栄養の分野で多くみられるのも事実である．農作物の豊凶の要因は比較的わかりやすいが，病気の原因や感染はつかみがたく実験をするわけにもいかない．一方，在来知は地域固有性が強く普遍化が難しい．ようするに，外部者の専門性と地域住民の知識や技能をうまく組み合わせることが肝要なのである（文献[20]翻訳版，pp 176-196）．

さらに学習を進めるために

　FSRに関しては，Shaner et al. (1981)[30]が手法を体系的にまとめた初期の教科書である．コールドウェル他(2000)[8]は，日本の読者を意識して1990年代末までの主要な論文を集め，解題を付した入門書である．FSRの起原から最新の動向，今後の展望までを国際ファーミングシステム学会 (International Farming Systems Association) が総力をあげて50名の専門家の手によってまとめたCollinson ed. (2000)[23]は，現時点で最も包括的な概説書である．また，アメリカとフランスの研究者が共同でまとめ上げたColin and Crawford (2000)[22]は，取り上げられている事例がアフリカ，中南米に限られるが，おもに理論と方法論に関して論争的な紹介をしている．

　参加型開発の手法・適用事例集として，世界銀行 (1996)[34]，FAO (2001)[27]，UNESCO/MOST (2002)[33]がある．

　開発協力研究の分野で，FSRと大きくかかわり，近年特に注目されている社会関係資本については佐藤編(2002)[9]が，また英国国際開発庁 (DFID) もあらたな開発戦略として位置づけている「持続可能な生計（sustainable livelihood）」アプローチについてはEllis (2000)[25]が基本文献である．解説付きの文献目録としてはToner and Howlett (2001)[32]がある．

　学際的(interdisciplinary)アプローチに関しては，異分野の専門家集団の共同研究として，福井(1988)[4]，松井編(2001)[13]，海田編(2003)[6]などがある．共同研究に対しては，単なる寄せ集め研究で終わってしまう可能性が高いとの批判もあるが，一人の研究者による総合的アプローチの方法としては，「T字型モデル」や「らせん型モデル」（山下，2000)[16]，「ハイブリッド・アプローチ」（井上，2002)[3]など，さまざまな方法が模索されている．立本(1999)[14]は，「近代化，合理化，産業化，経済発展をもたらした近代西洋科学の見直し，新しい知の枠組みの探求」を，学際研究（解析的問題解決）ではなく地域研究（総合的把握）に求めている．佐藤(2002)[10]は，タイの森林を対象に滞在型のフィールドワークによって，森林

資源をめぐる多様な集団の利害関係の分析を行い，地域住民の利用・管理実態と政府や国際機関の保全プロジェクトとの矛盾をえぐり出している．環境と開発をめぐる研究方法論について，マクロ，ミクロにわたる政治・経済学的アプローチを基礎としながら新たな提案を試みている．

在来知識のデータベースとして，国際農林業協力協会『農林業現地有用技術集』（英語版は"*Useful Farming Practices*"，1982年から2001年まで毎年刊行）がある．この中では，JICA，JIRCAS，NGO等の専門家が途上国の現場で収集したものに加え，日本の在来技術も一部紹介されている．

Indigenous Knowledge World Wide (http://www.nuffic.nl/ik-pages/ikww/index.html) は，Netherlands organization for international cooperation in higher education が発行する在来知識のオンラインジャーナルである．

International Institute of Rural Reconstruction (IIRR) は，フィリピンに本部を置くNGOで，在来知識を体系的に整理している．(http://www.panasia.org.sg/iirr/ikmanual/)

The Development Gateway Foundation は，ICTを活用することにより貧困削減を目指すワシントンDCを拠点にしたNGOで，在来知識と最新技術の有効な組み合わせを図ろうとしている．(http://www.developmentgateway.org/node/130646/)

UNESCO は，在来知識を貧困削減プロジェクトに活用した事例を紹介している．(http://www.unesco.org/most/bphome.htm)

世界銀行も在来知識プログラムを推進している．(http://www.worldbank.org/afr/ik/index.htm)
〔横山繁樹〕

引用文献

1) アーユス「NGOプロジェクト評価法研究会」編：小規模社会開発プロジェクト評価，国際開発ジャーナル社，1995．
2) 安藤和雄：国際農林業協力，**24**(7)：2-20，2001．
3) 井上　真：環境学の技法（石　弘之編），東京大学出版会，2002．
4) 福井捷朗：ドンデーン村―東北タイの農業生態，創文社，1988．
5) 古島敏雄：土地に刻まれた歴史，岩波書店，1967．
6) 海田能宏編著：バングラデシュ農村開発実践研究，コモンズ，2003．
7) ヴィランド・クンゼル：国際協力研究，**17**(1)：31-38，2001．
8) J・S・コールドウェル・横山繁樹・後藤淳子監訳：ファーミング・システム研究：理論と実

践（国際農業研究叢書第9号），国際農林水産業研究センター，2000．
9) 佐藤　寛編：援助と社会関係資本―ソーシャルキャピタル論の可能性，アジア経済研究所，2002．
10) 佐藤　仁：希少資源のポリティクス：タイ農村にみる開発と環境のはざま，東大出版会，2002．
11) PCM 読本編集委員会：PCM 手法の理論と活用，国際開発高等教育機構（FASID），2001．
12) プロジェクト PLA 編：続入門社会開発，国際開発ジャーナル社，2000．
13) 松井重雄編：変貌するメコンデルタ：ファーミングシステムの展開，農林統計協会，2001．
14) 立本成文：地域研究の問題と方法（増補改訂版），京都大学学術出版会，2001．
15) 野中郁次郎・紺野　登：知識経営のすすめ：ナレッジマネジメントとその時代，ちくま書房，1999．
16) 山下英俊：環境と公害，**29**(4)，2000．
17) 横山繁樹：国際農林業協力，**22**(4)：11-18，1999．
18) Baker, D.：*Journal for Farming Systems Research-Extension*，**2**(1)，1991（コールドウェル他監訳，2000，第8章に所収）．
19) Caldwell, J. S.：*Encyclopedia of Agricultural Science*，Vol. 2：129-138，Academic Press，1994（コールドウェル他監訳，2000，第1章に所収）．
20) Chambers, R.：*Rural development: Putting the last first*，Longman Science & Technical，1983．（ロバート・チェンバース（穂積・甲斐田訳）：『第三世界の農村開発』，明石書店，1995．）
21) Chambers, R.：*Whose reality counts? Putting the first last*，Intermediate Technology Publications，1997．（ロバート・チェンバース（野田・白鳥監訳）：『参加型開発と国際協力』，明石書店，2000．）
22) Colin, J. P. and Crawford, E. W.：*Research on Agricultural Systems: Accomplishments, perspectives and Issues*，Science Publishers, Inc.，2000．
23) Collinson, M. ed.：*A History of Farming Systems Research*，CABI Publishing，2000．
24) Conway, G. R.：*Agricultural Systems*，**24**：95-117，1987．
25) Ellis, F.：*Rural livelihood and diversity in developing countries*，Oxford Univ. Press，2000．
26) FAO：*Farming systems and poverty: Improving farmers' livelihoods in a changing world*，2001
27) FAO：*Field Level Handbook: Socio-Economic and Gender Analysis Programme*，2001．
28) Hildebrand, P. E.：*Agricultural Administration*，**8**：423-432，1981（コールドウェル他監訳，2000，第2章に所収）．
29) Schultz, T. W.：*Transforming traditional agriculture*，Yale University Press，1964．
30) Shaner, W. W., P. F. Philipp, W. R. Schmehl eds.：*Farming Systems Research and Development*，Westview Press，1982．
31) Soemarwoto, O. and Conway, G. R.：*Journal for Farming Systems Research- Extension*，**2**(3)：95-117，1991．
32) Toner, A. and Howlett, D.：*Goodbye to Projects? The Institutional Impacts of a Livelihood Approach on Development Interventions*，Bradford Centre for International

Development, University of Bradford, 2001.
33) UNESCO/MOST：*Best Practices using Indigenous Knowledge*, 2002.
34) World Bank：*The World Bank Participation Sourcebook*, 1996.

8.2 アグロエコロジカルアプローチ

「アグロエコロジー」(agroecology)，すなわち「農業生態」という言葉には，二つの意味がある．狭義には，「耕地生態」あるいは「農地生態」とほぼ同じ意味を持ち，水田や畑のような農耕空間の生態系を扱う．栽培される作物ばかりでなく，多様な動物相や植物相，さらには微生物などの分解者が構成する耕地生態系が対象となる．一方，広義には，耕地生態の場である農耕空間を含む農村・地域全体を対象とし，耕地生態系構成員のほか，人間・社会・経済の動態を包含した，地域全体の生態を扱う．英語では，"agricultural ecology"というべきであろう．本稿では，8.2.1 および 8.2.2 で後者，すなわち広義の「農業生態」の概念を用い，主として東南アジア大陸部に成立し，急速に変容しつつある地域の農業システムを，農業生態学的アプローチによって，空間的・時系列的に解析する手法と，その解析結果について解説し，8.2.3 で，狭義の「農業生態」に及ぼす農業システムの影響を，やはり東南アジア大陸部を例にとって，解説することにする．

8.2.1 農業システムの空間分析

それぞれの農地には固有の農業システムがある．なぜそのようなシステムがそれぞれの農地で成り立っているのか．どのような条件が作用した結果，多様な農業システムがみられるのか．これらの問いに対して，農業システムの空間的な分布から考察するのが空間分析であり，農業システムの時間的な変遷に着目して考察するのが時系列分析（次項参照）である．

日本の農業景観を思い浮かべてみよう．平野部には水田が，丘陵部には畑地が広がっている．また本州以南では水稲作が，北海道では畑作が卓越する．これは地形や土壌，あるいは気候など，人為的に改変することが困難な自然環境が農業システムを規定しているからである．湿潤な生育環境を必要とする水稲は，湛水を保持するために畦で囲った均平な農地（これを水田とよぶ）で豊富な灌漑用水を利用して栽培されるため，平坦な地形と粘土質の土壌を好む．これに対して，湿害に弱い多くの畑作物は，傾斜があり排水が容易な丘陵に分布する．また耐寒

性品種の開発が進んでいるとはいえ，北海道は気候が寒冷なため，いまだ水稲栽培の限界地である．

世界に目を向けてみると，水田水稲作は，日本・朝鮮半島から中国南部，東南アジアを経てインド亜大陸の東半分に至るモンスーン・アジアとよばれる地域に集中している．この地域はコメを主食とする地域である．この食文化がこの地域の水田水稲作の基盤となっていることは間違いないが，同時に，この地域の自然環境は水田水稲作にきわめて適したものである．活発な造山運動により形成された大小の河川が，その下流部に沖積平野を形成している．そこに，夏季に卓越する南西モンスーンが豊富な降水をもたらし，湿潤な水文環境を生むからである．

農業システムは，大枠では，このように自然環境に規定されている．農業技術や土木技術がいくら進歩しても，農業生産のために自然環境を完全に改変することは不可能だし，そのような開発の持つリスクはとてつもなく大きい．したがって，「なぜそのような農業システムがそれぞれの地域で成り立っているのか」という問いに対して私たちが答えなければならないのは，与えられた自然環境のもとで，個々の農業システムが利用している技術や施している工夫の背景や意義，そして効果を明らかにすることである．ここではタイ国東北部を対象とした一つの研究事例を紹介する．

東南アジアのインドシナ半島の中央に位置するタイ国東北部は，大きな山地がないために河川の規模は小さく，なだらかな平原が続く．水田は，総面積16万km^2（日本の国土の約半分）の約40％を占める．その大部分が灌漑施設を持たない天水田である．住民の大多数はこの天水田水稲作を営んでおり，自分たちの飯米を生産するとともに余剰米を販売して生計の足しにしている．しかし降雨に依存した天水田水稲作はしばしば干ばつ被害を受ける（7.2節参照）．そのため，東北部はタイ国内で最も貧困な地域である．1980年代半ばからタイは高度経済成長期に突入した．すなわちバンコク首都圏を中心として製造業や食品加工業，サービス業が発達した．この高度経済成長は，農産物市場の拡大，食品加工業の発展，出稼ぎの増加などを通じて，タイ全土の産業構造や就業構造を根本的に変えつつある．東北部の農業や農村への影響はどのようなものであるのか．

これに答えるために，筆者らはタイ国農業協同組合省農業普及局東北地域事務所と共同調査を実施した[7]．19県からなる東北部には約2600の行政村があり，各行政村には農業普及の担当者がいる．この農業普及員を対象として，栽培品種，栽培技術，化学肥料や農薬の施与，収量に関する質問票を配布，回収，集計し，

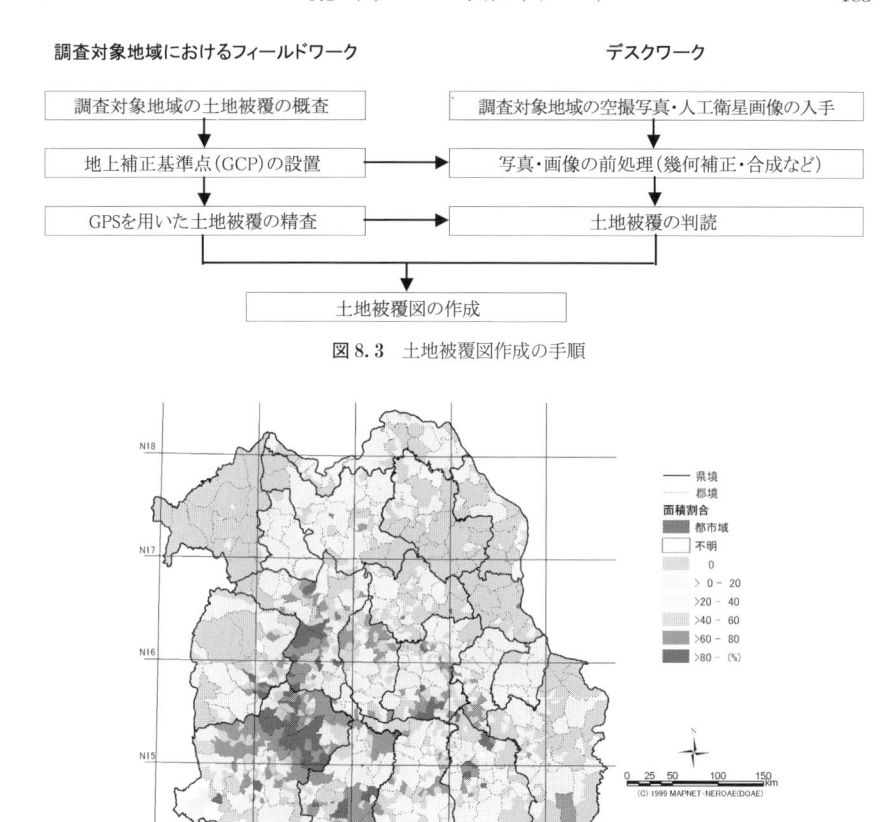

8.2 アグロエコロジカルアプローチ

```
調査対象地域におけるフィールドワーク              デスクワーク

  ┌──────────────────────┐          ┌──────────────────────────┐
  │ 調査対象地域の土地被覆の概査 │          │ 調査対象地域の空撮写真・人工衛星画像の入手 │
  └──────────┬───────────┘          └────────────┬─────────────┘
             ▼                                   ▼
  ┌──────────────────────┐          ┌──────────────────────────┐
  │ 地上補正基準点(GCP)の設置  │─────────▶│ 写真・画像の前処理(幾何補正・合成など) │
  └──────────┬───────────┘          └────────────┬─────────────┘
             ▼                                   ▼
  ┌──────────────────────┐          ┌──────────────────────────┐
  │ GPSを用いた土地被覆の精査  │─────────▶│       土地被覆の判読       │
  └──────────┬───────────┘          └──────────────────────────┘
             ▼
  ┌──────────────────────┐
  │      土地被覆図の作成     │
  └──────────────────────┘
```

図 8.3 土地被覆図作成の手順

図 8.4 タイ国東北部における乾田直播田の割合（1997年雨期作）（文献[7]を一部改変）

地理情報システム（GIS）を用いて多数の地図を作成した（作成手順：図 8.3 参照）．こうして得た情報を，それまでに蓄積してきた自然環境や農村社会経済に関する知見と照らし合わせながら，読み込んでいくのである．

高度経済成長の最も顕著な影響は，農村から都市部への労働力の移動にみることができる．とりわけ男女を問わず若年層の出稼ぎが多い．農村における労働力の減少は労働節約型の栽培技術の導入を促した．その顕著な例が水稲作付方法の変化にみることができる．それまで東北部においては，ごく一部の深水田を除いて，水稲は移植されていた．ところが 1990 年代になって乾田直播が急速に普及した（図 8.4）．一般的な乾田直播は，耕起した後，乾いた籾を散播し，マグワをかける．ていねいな代かきを必要とする移植と比較して，投入される労働力は圧倒

的に小さい．乾田直播は，東北タイの南西部を中心に分布している．首都バンコクは東北タイの南西に位置しており，南西部は東北タイのなかで最も交通の便が発達した地域である．都市とのつながりがより密接な地域から労働節約型技術が浸透しつつある過程をこの地図から読み取ることができる．

　栽培作目や品種も変化しつつある．自給作物を中心としたそれまでの農業システムから商品作物栽培への転換が進んでいる．これは農家経営がコメからお金をベースとする経済へ変化しつつあることを意味する．水稲品種のなかで最も経済的な価値が高いのはジャスミン・ライスとよばれる香り米の品種である．日本人にはなじみが薄い香り米である．ジャスミン・ライスの栽培は東北タイの南部を中心として急速に拡大しており，多数の行政村で水稲栽培面積の80％以上を占めている（図8.5）．サトウキビも，近年，新たに導入された商品作物である．タイ国内におけるサトウキビの主たる生産地は首都バンコクの西方，メークロン川のデルタであったが，サトウキビ畑の都市的土地利用への転用，収穫作業のための農作業労賃の高騰が進んだために，製糖工場が東北部へ移転した．サトウキビは，収穫後，ただちに製糖工場へ搬入し汁液を搾り取る必要があるため，サトウキビ畑の分布は製糖工場周辺（おおよそ半径30 km）に限定されている（図8.6）．この範囲内では水田の畑地への転用によるサトウキビ栽培もみられる．現金収入に依存した経済が農家にも普及しつつある顕著な事例である．

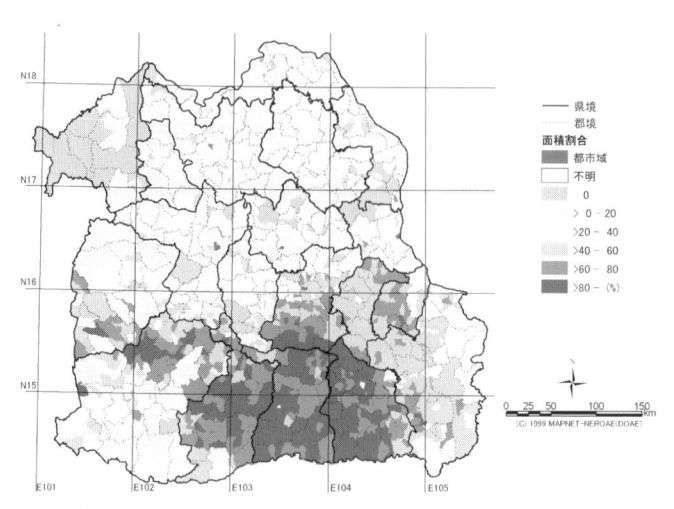

図8.5 タイ国東北部におけるジャスミン・ライスの作付け面積割合（1997年雨期作）
　　　　（文献[7]を一部改変）

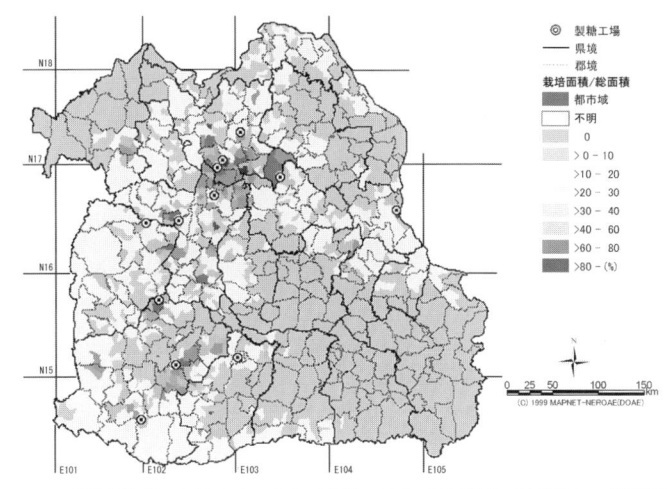

図 8.6　タイ国東北部におけるサトウキビ栽培の分布（1997 年）（文献[7]を一部改変）

　私たちは，農業システムの空間分析を通じて，農業システムが自然環境や農学の知識体系のみならず，経済や社会や文化と密接に関係していることを学ぶことができる．

8.2.2　農業システムの時系列分析

　農業システムは，生産基盤の整備や新たな品種・栽培技術の開発・普及によって変化するのみならず，農産物市場の動向を反映した栽培作物の転換や収穫時期の調整によっても変化する．さらに，私たちは忘れがちであるが，農業に関する制度や政策も，農業システムの基本的な変遷に関与している．わが国では，明治維新以降のコメ自給政策によって，幕末期には約 210 万 ha であった水田が，1960 年代末には約 320 万 ha に達した．しかし，1970 年代以降は減反政策によって水田の畑地への転用が奨励されたし，近年の部分的なコメ輸入の解禁は，高品質米（いわゆるブランド米）の生産を促進している．農業システムの時系列分析は，空間分析と並んで，農業システムの社会とのつながりを明らかにする格好のアプローチである．

　農業システムの時系列分析のためには，過去にさかのぼって農業システムを調べなければならない．そのために最も利用しやすい情報は農業統計資料である（表 8.4）．統計資料からは，作物ごとの栽培面積や生産量の推移を知ることができ，農業システムの変化の大きな流れをつかむことができる．さらに，どのような土

表 8.4 農業統計資料の一覧表

農業統計資料	内　容	管理機関	Web 上の所在
FAOSTAT	各国の過去数年間にわたる農林水産業に関するデータが入手できる．	国連食料農業機関（FAO）	http://apps.fao.org/default.jsp
World rice statistic	稲作に関するさまざまなデータが入手できる．	国際イネ研究所（IRRI）	http://www.irri.org/science/ricestat/index.asp
各国の農業統計資料	行政区，行政村レベルなど，より詳細な統計データが入手できる．	各国の統計機関 （例：タイ王国統計局，ラオス国立統計センター等）	（各々の機関のホームページを参照のこと）

表 8.5 人工衛星画像・空撮画像の一覧表

名　称	分解能	観測幅	運用年	入手先
人工衛星画像				
CORONA	1.8〜2.7 m	17×232km, 14×189km	1963〜1972	http://edcsns 17.cr.usgs.gov/EarthExplorer/
LANDSAT 1-7	15〜30 m	170×185km	1972〜	http://edc.usgs.gov/, http://glcfapp.umiacs.umd.edu:8080/esdi/index.jsp など
SPOT 1-5	10〜20 m	60×60 km	1986〜	http://www.spotimage.fr/など
JERS-1	18.3×24.2m	75×75 km	1992〜1998	http://www.eoc.jaxa.jp/
IKONOS	1〜4 m	11×11 km	1999〜	http://www.spaceimaging.co.jp/など
ASTER	15〜90 m	60×60 km	1999〜	http://www.gds.aster.ersdac.or.jp/gds_www 2002/index_j.html
空撮画像	国によって，撮影年や規格はさまざまである．各国の地図局等で入手可能．			

地にどのような栽培技術でそれぞれの作物が栽培されていたのかを知るためには，古い地図や空撮画像，人工衛星画像を活用したり（表 8.5），農民の経験を聞き取り調査によって収集する必要がある．ここでは，このような調査に基づくラオス国北部の焼畑農業地帯における農業システムの時系列分析に関する研究事例[11]を紹介する．

ラオスは東南アジア大陸部の内陸国である．総面積 23.7 万 km^2 の約 80 ％を山地が占める．焼畑農業は，とりわけ山地が卓越する北部に広く分布している．人々は長年，焼畑で陸稲を栽培し生活の糧としてきた．ところが最近，熱帯林の急激な減少の要因として焼畑が国際的な注目を集め，ラオス政府も焼畑を抑制しようとしている．これは，結果として焼畑に依拠して生きている人々の生活を圧迫す

る．そこで，焼畑農業が人口増加や市場経済の浸透によってどのように変容してきたのか，焼畑農業は森林破壊を招いているのかを検証しようとしたのである．

ラオスを貫流するメコン川の支流ベン川沿いの三つの村を対象として，空撮画像や人工衛星画像を検索した結果，3ヶ年(1973年，1982年，1999年)の画像を収集することができた．そこで，これらの画像から土地被覆図を作成し(図8.8，作成手順は図8.7参照)，それぞれの村の土地利用変化を算出した．また現地を訪問し，村の古老から過去30年にわたる人々の生活や農業システムの変化について聞き取った．その結果，内戦が続いた1970年代前半までは陸稲や水稲，野菜・マメ類など自給用の作物を細々と栽培していたこと，内戦の終結後，治安が回復し，大規模な森林伐採のため森林面積が減少したが，過去20年間は森林面積に変化がないこと，人口の増加に従って焼畑面積は増加し，それに反比例して休閑期間が短くなったこと，1990年代末になって道路網が整備された結果，飼料用トウモロコシの栽培が導入され，そのために焼畑の常畑化が進行しつつあること，などがわかった．これらの結果は，焼畑は森林を繰り返し利用する農業であり，森林を

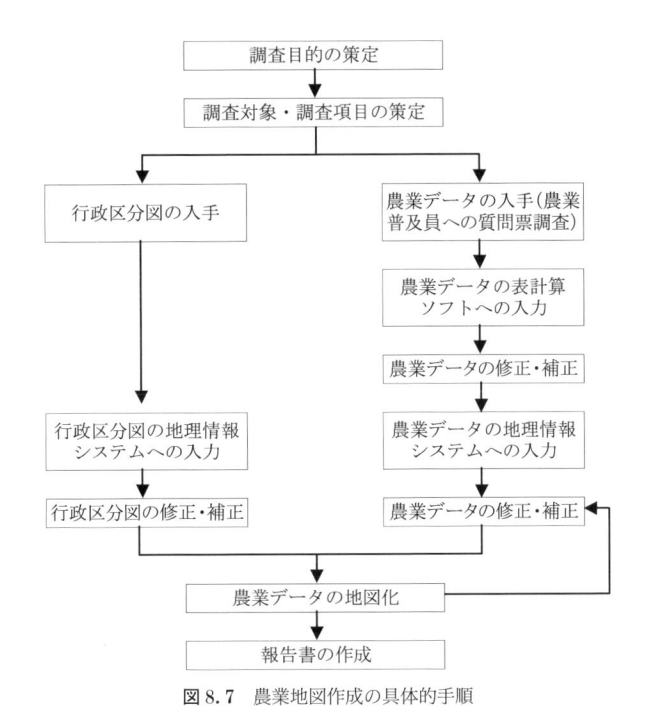

図 8.7 農業地図作成の具体的手順

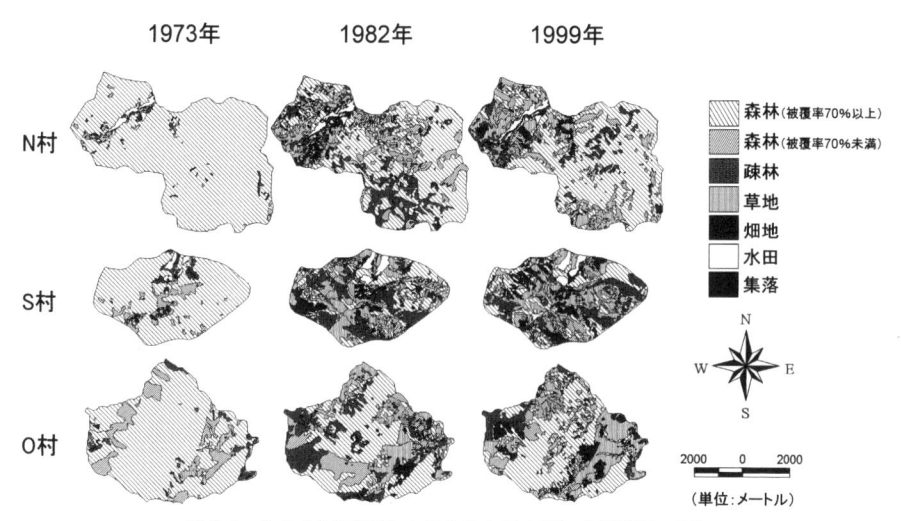

図8.8 ラオス北部農村における過去30年間の土地被覆の変化

破壊する農業ではないこと，インフラ整備と市場経済の浸透は山地環境により適した商品作物栽培の普及を実現する可能性があることを示唆している．

農業システムの歴史的な変遷を知ることは，今日の農業システムを的確に理解し，その改善を考えるうえでも多くのヒントを与えてくれる．

8.2.3 耕地生態系の動態

耕地生態系は，自然の生態系に比べ，多様性・安定性が著しく低いとされる．いったん開かれた耕地は，その後耕うん・植付・収穫が繰り返されるため，作物を含めた特定の生物が繁殖するのに好適な環境が形成され，生物相が単純化しやすい．また，耕地では，常時収穫物を介して養分が収奪されるため，生態系の養分循環機能も劣る．

一方，熱帯途上国のより粗放な農業システムではどうだろうか．東南アジア大陸部山地部などでみられる焼畑は，常畑と異なり，人間による攪乱を受ける頻度が小さく，1～数回の栽培の後，自然植生によるある程度の休閑期間を持つため，常畑や水田に比べ，もともと多様性が高いと考えられる．さらに，作物も多種類が混作されることが多く，主要作物も単一の品種・系統ではなく，多数の品種・系統が同一の圃場に植えられることが多い．このように，焼畑は，近代農法による畑に比べると，多様性に富んだ耕地生態系を形成している．低地の天水田に目

を向けると，ここにも多様な耕地生態系をみることができる．タイ東北部は，前節で述べられているように，水資源に乏しく，水田稲作はほとんど天水に依存して行われているため，田植えの時期は年によって異なり，同一年でも微妙な水文条件の違いにより，ごく限られた範囲でさえ田植えの時期が水田ごとに異なる．また，伝統的には，それぞれの水文条件に適応した在来品種を使用していたので，非常に狭い地域で多様な遺伝子型のイネが田植え時期を異にして植えられていた．このため，作物自体の多様性も高く，さらに，ごく近年に至るまでほとんど農薬を使用していなかったことから，他の生物の多様性も高い．また，水田が淡水水産資源採集および養殖の場であることも知られている[10,15]．焼畑でも，天水田でも，耕地生態系の生物多様性は高く，採集・収穫される主食作物である水陸稲以外の生物資源は今なお地域住民の生活にとって，なくてはならないものとなっている[3,15]．日本においても，化学肥料・農薬を多用する近代的な農業技術が普及する以前は，より多様性の高い耕地生態系が維持されていたと考えられる[4]．また，現在でも，有機栽培農地では驚くほど生物多様性が高いことが報告されている[5]．

このように，耕地に成立する生態系は，その地域の農業システムおよびその変化に大きな影響を受ける．一般には，耕地管理の集約度に比例して，耕地生態系は単純化するとされるが，管理法によっては，集約的なシステムでも多様性や生態系の種々の機能が維持される．

耕地生態系を分析するためには，実際に耕地で綿密に調査する必要がある．植生調査の場合，中心となる多様性やバイオマスの分析を行うため，耕地にコドラート（サンプル調査を行うための正方形の枠）などのサンプリングプロットを設営し，目的に応じてその中の植生を丁寧に調査する．広域の自然植生分析に利用されている衛星画像は，耕地生態系の場合，まだ一般的ではない．ここでは，前二節で紹介したタイ東北部とラオス北部において，急速な農業システムの変化が耕地生態系に及ぼしている影響を調査した例を紹介する．

タイ東北部では，前節で述べた通り，急速な経済発展に伴う都市労働力需要の増加に呼応して，地域住民の都市への流入が起こった結果，農家の労力不足が顕著となり，水稲の直播栽培が広まった．このような急速な直播栽培の拡大が水田植生に与える影響を検討するため，筆者らは，4年間にわたって（1997～2000），定期的に水田の植生調査を行った[12,13,14]．道路沿いに調査水田を約200ヶ所選定し，選定した水田を，植生の経時的変化を追うために約3週間間隔で訪れ，コド

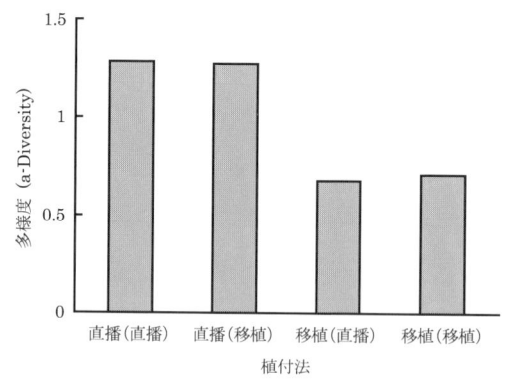

図 8.9 東北タイ水田植生に及ぼす植付法の影響
（ ）は前年の作付法．多様度は，Shannon-Weaver 関数の α-Diversity．

ラート内のイネを含む全植生を調査した．その結果，直播田では水田植生が質的に変化したことが明らかとなった．前年が移植か直播かにかかわらず，直播田では植生の多様度が高くなった（図 8.9）．移植田のイネを除く優占種がほぼ水生・湿生の雑草種のみで占められるのに対し，直播田では水生・湿生・湿生中生中間・中生種と幅広い種が優占しており，このことが直播田での高い多様度の主因となっていた．直播田は，田面均平度が低く，また，より水条件の悪い水田を中心に分布しているため，栽培期間中，しばしば田面水がなくなり，土壌表面が部分的に，あるいは全面的に露出する．そのため，湿った水たまりの部分や乾いた部分がパッチ状に分布し，それぞれに適応した雑草種が生育する．直播田で多様な雑草種が出現したのはこのためである．雑草の被覆度は，移植・直播の違いによる大きな差は認められなかった．また，直播田は移植田に比べ収量が低かった（70〜80％）が，雑草とイネとの競合度は小さく，また，直播栽培がもともと生産性の低い，水条件の劣悪な水田を中心に普及しているため，直播田での収量低下の主因が雑草との競合であるとはいえなかった．このように，タイ東北部における直播栽培の普及・拡大は，耕地生態系の多様度をいくぶん上昇させている．一方，直播栽培の水条件の劣悪な水田への普及は，労力不足のため，可能な労力を水条件のよい水田に投入して，条件の悪い所で省力栽培を行っている現状をうかがわせる．また，調査時点では，除草剤の使用もほとんどみられなかったが，今後労力不足がより進行し，条件のよい水田でも直播栽培が普及し始めると，除草剤の使用が本格化する可能性がある．通常，除草剤の使用は耕地生態系を単純化

させるため，今後の直播栽培の動向について注視する必要があるだろう．

ラオス北部山地部の山斜面では，焼畑が主たる農業システムであるが，前節で述べたように近年焼畑農業に大きな変化がみられる．その最も大きなものは，休閑期間の短縮化である．本来，焼畑は自然植生の回復力を利用して地力を維持する農業システムであり，長期の休閑期間を必要とするが，人口増や政府の政策による焼畑領域の規制のため，近年休閑期間が著しく短くなっている．このため，休閑林植生は何らかの影響を受けている可能性が高い．そこで，筆者らは，ラオス北部ウドムサーイ県ラー郡において，植生にみられる変化を調査した[6]．休閑期間1〜8年の休閑林と保全林（休閑期間20年以上の二次林）内に20m四方のコドラートを設定し，木本種の毎木調査を行った．その結果，休閑林では休閑初期からバイオマス全体に占めるタケ類の割合が大きく，休閑8年目でも6割近くを占めているのに対し，保全林ではタケ類の割合が1割にも満たないこと，タケ類以外の樹種では，休閑初期にトウダイグサ科の樹種，休閑期間が進むにつれ，調査地域の極相種であるクルミ科やブナ科の樹種が増えてくること，保全林では，クルミ科やブナ科の極相種が優占していること，休閑林では保全林より多様度が低いことなどが明らかとなった．初期生長が早くバイオマス量の大きいタケ類の優占は，焼畑地の地力回復の点からは望ましいが，生物多様性の維持の点からは問題があると同時に，焼畑休閑林が地域住民の非木材森林産物の主要な収集場所である[15]ことを考えると，望ましいとばかりいえない．このように，焼畑においても，農業システムの変化により，休閑林植生の質的な変化や，多様度の低下等，生態系の変化が引き起こされることが明らかになった．

以上のように農業システムの変化は，耕地生態系の変化を促すが，耕地生態を調査することにより，農業システムの生産性，安定性，持続性や扶養力を評価することが可能である．農業システムのこれらの特性は相互に関連しあっており，総合的に評価する必要があるが，評価のうえで耕地生態系の種々の特性が，重要な指標を提供することは間違いないであろう．

本節では農業システム分析の農業生態学的アプローチについて概説した．広義の農業生態学の概念を用い，多様かつ広域のデータを利用して，農業システムを空間的にあるいは時系列的に分析することにより，栽培技術のみからではなく，社会・経済・人間・生物的要因から，農業システムを幅広く解析することが可能となる．したがって，地域の農業システムの適正な評価が可能となるばかりでな

く，その地域の将来予測や適正な農業システムの提案に有用である．一方，耕地生態系の分析は，農業システムおよびその変化の影響を明らかにすると同時に，栽培技術の適正さの評価や，成立している農業システム自体の特性を評価する際の有益な指標を提供する．このように，栽培システム学のアグロエコロジカルアプローチは，栽培技術や農業体系のみならず，地域社会の成立要因や動態に関する有用かつ広範な情報を供給してくれる．

さらに学習を進めるために

広義の農業生態学的アプローチによる，農業システムの空間的・時系列的解析手法と分析については，福井[1]・Kono et al.[2]・高谷[9]・長澤[8]を参照にされたい．また，狭義の農業生態学的アプローチによる，農業システムの解析には，日鷹の一連の業績[5]などが有益な示唆を与える．　　　　〔河野泰之・縄田栄治〕

参 考 文 献

1) 福井捷朗：ドンデーン村—東北タイの農業生態，創文社，1988．
2) Kono, Y., et al.: *ACIAR Proceed*, **101**：301-318，2001．
3) Kono Y., et al.: *Ecological Destruction, Health and Development: Advancing Asian Paradigms*（Furukawa et al. eds.），pp.503-520，Kyoto university press, 2004.
4) Hidaka, K.: *Bio. Agric. Hort.*, **15**：35-49，1997．
5) 日鷹一雅：講座 人間と環境3 自然と結ぶ 「農」に見る多様性（田中耕司編），pp.193-221，昭和堂，2000．
6) 広田　勲，他：総合地球環境学研究所 研究プロジェクト4-2 2004年度報告書，pp.140-150．
7) MAPNET (Modeling Agricultural Productivity in Northeast Thailand Project) and NERAEO (Northeastern Regional Agricultural Extension Office): Sub- district level agricultural survey of Northeast Thailand (CD- ROM dataset), 1999.
8) 長澤良太：リモートセンシングによる土地資源評価—東南アジアの土地利用—，古今書院，2002．
9) 高谷好一：熱帯デルタの農業発展，創文社，1982．
10) 田中耕司：岩波講座 地球環境学6 生物資源の持続的利用（武内和彦・田中　学編），pp.123-150，岩波書店，1998．
11) Saphangthong T. et al.: (投稿準備中)
12) Tomita, S. et al.: *Weed Biol. Manage.*, **3**：68-76, 2003.
13) Tomita, S. et al.: *Weed Biol. Manage.*, **3**：117-127, 2003.
14) Tomita S. et al.: *Weed Biol. Manage.*, **3**：162-171, 2003.
15) Yamada K., et al.: *Southeast Asia. Studies*, **41**：426-443, 2004.

索　引

欧　文

2, 4-D　40
6次産業化　90
AEC（陰イオン交換容量）　20
BHC　40
CEC（陽イオン交換容量）　20
C/N 比　30, 75
DDT　40
FSRE　7
Khao Dawk Mali 105　114
LISA（低投入持続形農業）　47
MCP　40
MSS（ミャンマー択伐作業）　162
MUS　161
NDVI（正規化植生指数）　48
PCM　174
PLA　175
RD 6　113
RRA　174
SSCM（局所圃場管理）　47

ア　行

アグロエコロジカルアプローチ　181
アグロフォレストリー　121, 163
安息香生産　165
アンモニア　39, 71
アンモニア態窒素　30
アンモニウムイオン　67

易耕性　19
遺伝的改良　10
イモチ病　40
陰イオン交換容量（AEC）　20
インディカイネ用コンバイン　42

ウシエビ（ブラックタイガー）　153

営農行動　1
営農システム　2
　　――の属性　4
栄養素の循環　145
エネルギー代謝率　38
エビ養殖　153
塩類集積　18

オイルパーム　148
温度要求度　12

カ　行

開花調節　133
皆伐作業　162
香り米　184
化学化　39
化学肥料　14, 25, 39
花芽分化　127
可給態窒素　72
家禽　10
加工型畜産　58
加工・販売サブシステム　4
果樹　126
　　――の栽培適地　129
　　――の栽培様式　129
　　――の耐寒性　126
化石燃料　71
河川のつけかえ　80
かたあらし　80
家畜　9, 138
家畜サブシステム　2
株出し栽培法　132
可変施肥機　48
灌漑　18
環境負荷　66
環境保全型農業　76
環境保全型農業技術　72
環境問題　158
換金作物　137
緩効性肥料　26, 73
間作　34
完熟堆肥　75

乾燥指数　11
乾田化　81
乾田直播　113, 183
乾土効果　26

機械化　25, 40, 104
気候指数　11
気象資源　11
規模経営　99, 101
規模の経済性　60
規模の原理　1
規模の不経済　64
規模の利益　60
キャッサバ　170
休閑期間　191
供給熱量自給率　53
共生　86
共同耕作共同消費　112
協同農業普及事業　6
漁業　151
局所圃場管理（SSCM）　47
切り戻しせん定　134

空間分析　181
空間変異　21
空撮画像　186
グリーンツーリズム　91
群管理システム　46

軽労働　38
ケシ栽培　118
研究方法　168
兼業化　100

高位田　108
耕うん　30, 41
耕起　25
耕地生態系　26, 188
郷鎮企業　96
高度経済成長　53
口糧田　103
国境措置　58

混作　34, 130
コンバイン　42

サ　行

最小最適規模　60
栽培管理　22
栽培システム　1
栽培植物　9
在来種　140
在来知　177
作付体系　34
作物サブシステム　2
作物残渣　148
雑草管理　27
殺虫・殺菌剤　40
サトウキビ　184
里山　92
砂漠化　18
サバヒー（ミルクフィッシュ）　153
参加型調査・開発手法　173, 176
三角検証　169
傘伐作業　161

時系列分析　185
持続的農業　72
持続的農村社会　79
自脱コンバイン　42
実収量　27
シナジー効果　64
社会林業　163
収穫指数　26, 28
集村化　81, 82
集約栽培と環境問題　119
集約的養殖　155
集落営農　1, 7
収量漸減の法則　24
収量モニター　48
重労働　38
種苗放流　153
硝酸イオン　67
硝酸態窒素　30, 32, 69
常畑化　117, 187
商品作物　184
条里地割　79
少量多品目生産　87
食料自給率　52
食糧需給に伴う窒素の動き　70

除草剤　25, 26, 40
ジョムナーム　122
代かき　25
人為潰廃　18
人工衛星画像　186
人民公社体制　95

スイギュウ　139
水産業　150
水質汚染　158
水上マーケット　122

生活環　10
正規化植生指数（NDVI）　48
生産環境　9
生産技術　37
生産手段サブシステム　4
生産的な休閑　166
生態系　66
生物多様性　189
精密農業　47, 73
積算温度　12
責任田　103
施肥　31
ゼブ　139
セミバリオグラム　21
潜在可能収量　27

双層経営体制　95
惣村　6
造林体系　160
組織的知識創造　177
蘇南地域　99
存続可能領域　59
ソンデオ　174

タ　行

堆きゅう肥　147
大チャオプラヤ計画　123
堆肥　73
堆肥化　74
田植機　42
田打車　39
タウンヤ法　164
択伐作業　161
多元的アプローチ　168
達成可能収量　27
脱窒　68

棚田オーナー制度　91
ダマール園　164
溜池灌漑　82
団粒　19

地下水汚染　69
畜産業　57
逐次型アグロフォレストリー　163
窒素　14, 32
　──の循環　66, 145
　──の無機化　67
窒素飢餓　30
窒素固定　67
窒素使用量　17
地目　18
チャオプラヤデルタ　122
中位田　108
中耕　31
中国の農村経済体制　95
中山間地　44
中労働　38
直接所得保障　56
直売活動　90
直播　113, 190

低位田　108
低投入持続形農業（LISA）　47
天水田稲作　107, 182
　──の作付率　109
　──の不安定性　111
天水田農村　108
伝統野菜　87
田畑輪換　34, 82

ドイモイ　123
同時型アグロフォレストリー　163
導入温帯野菜　116
投入／産出エネルギー比　24
東北タイ　107
動力取出軸　41
土壌　18
　──の化学性　20, 20
　──の物理性　19
土壌改良材　76
土壌管理　29
土壌サブシステム　3

索　引

土壌窒素環境容量　32
土壌動物　20
土壌微生物　20
土壌病原菌　20
土性　19

ナ　行

奈良盆地　79

日長　12
二毛作　82

熱帯傘伐作業　161
熱帯における温帯果樹の栽培　135
粘土鉱物　19

農家請負制　95,98
農家行動の画一化　87
農家サブシステム　4
農業基盤整備　43
農業経営　52
農業サービス　103,105
農業生態　181
農業地図作成の手順　187
農業統計資料　186
農業ロボット　45
農村改革　98
農薬　26

ハ　行

ハーバー-ボッシュ法　39,71
パラチオン　40
範囲の経済　63
反芻家畜　10,144

必要経営収益水準　60
必要最小規模　60
被覆肥料　73
肥料　25,39
肥料窒素の利用率　68

ファーミングシステム　169
ファーミングシステムアプローチ　7,168
　──の階層　171
　──の類型化　170
フィードバック・ルーチン　87

フィールドロボティクス　45
富栄養化　66
ブカランガン　164
複合生産システム　138
副産物　142,148
袋掛け　133
不耕起栽培　31,33
腐植　20,67
普通コンバイン　42
不等速遊星歯車機構　42
プラウ　41
プラザ合意　55
ブラックタイガー（ウシエビ）　153
プランテーション　130,144,162
振り売り　87

閉鎖系養殖システム　159

補助エネルギー　23,68
ホームガーデン　129,164
ボルドー液　40
紅河デルタ　123

マ　行

マメ科作物　26
マルチング　11
マングローブ林　158

水　14,33
水使用量　16
ミャンマー択伐作業（MSS）　162
ミルクフィッシュ（サバヒー）　153

無季花果樹　128

目揃会　88

モノカルチャー化　87

ヤ　行

焼畑　117,164,186,191
野菜　115
有機態窒素　30,67
有機農業　76,89

有機廃棄物発酵物　74
有機物還元　29
遊水地　81
有畜複合生産システム　138,142

陽イオン交換容量（CEC）　20
養育接ぎ木法　132
養殖業　151
溶脱　67
葉面積指数　28
四大家魚　152

ラ　行

リモートセンシング　46
リュウガン　121
両田制　103
林業　160
輪栽式農法　83
輪作　34

連作　34

ロイヤルプロジェクト　118
労働強度　38
ロータリ植付け機　42
ロータリ耕うん機　41
ロングチーン　122

ワ　行

ワークショップ　175

編著者略歴

稲　村　達　也
<small>いな　むら　たつ　や</small>

　1953 年　奈良県に生まれる
　1976 年　京都大学農学部 卒業
　奈良県農業試験場研究員，普及員をへて，
　現　在　京都大学大学院農学研究科 助教授
　　　　　博士（農学）
　〔専攻科目〕栽培システム学
　〔おもな著書〕
　　『熱帯農学』朝倉書店，1996 年刊（共著）
　　『現代日本生物誌 7 イネとスギ』岩波書店，2001 年刊（共著）

栽培システム学　　　　　　　　　　　　定価はカバーに表示

2005 年 11 月 25 日　初版第 1 刷

編著者	稲　村　達　也
発行者	朝　倉　邦　造
発行所	株式会社 朝　倉　書　店

　　　　　東京都新宿区新小川町 6-29
　　　　　郵便番号　162-8707
　　　　　電　話　03（3260）0141
　　　　　FAX　03（3260）0180
　　　　　http://www.asakura.co.jp

〈検印省略〉　　　　　　　　　　　　　壮光舎印刷・渡辺製本

© 2005〈無断複写・転載を禁ず〉

ISBN 4-254-40014-4　C 3061　　　　　　Printed in Japan

堀江 武・吉田智彦・巽 二郎・平沢 正・今木 正・小葉田亨・窪田文武・中野淳一著	**作物学総論** 41021-2 C3061　A5判 212頁 本体4300円	環境悪化の中での作物生産のあり方にも言及する好教科書。〔内容〕農業と作物および作物学／作物の種類と品種／作物の発育と適応／作物の形態と機能／作物の生長と生理／作物生産と環境／品種改良の目標と生理生態的研究／作物の生産管理
日大 石井龍一・前北大 中世古公男・千葉大 高崎康夫著	**作物学各論** 41022-0 C3061　A5判 184頁 本体3800円	各作物(87種)について知っておくべき要点を解説したテキスト。〔内容〕作物の種類と作物化／食用作物(穀類／まめ類／いも類)／繊維作物／油料作物／糖用作物／嗜好料作物／香辛料作物／ゴム料作物／薬用作物／イネ科牧草／マメ科牧草
北大 三上哲夫編著	**植物遺伝学入門** 42026-9 C3061　A5判 176頁 本体3200円	ゲノム解析など最先端の研究も進展しつつある植物遺伝学の基礎から高度なことまでを初学者でも理解できるよう解説。〔内容〕植物の性と生殖／遺伝のしくみ／遺伝子の分子的基礎／染色体と遺伝／植物のゲノムと遺伝子操作／集団と進化
京大 矢澤 進編著	**図説野菜新書** 41024-7 C3061　B5判 272頁 本体9200円	食品としての野菜の形態、栽培から加工、流通、調理までを図や写真を多用し、わかりやすく解説。〔内容〕野菜の品質特性／野菜の形態と成分／生産技術／野菜のポストハーベスト／野菜の品種改良の新技術／主要野菜の分類と特性／他
愛媛大 水谷房雄他著	**最新果樹園芸学** 41025-5 C3061　A5判 248頁 本体4500円	新知見を盛り込んでリニューアルした標準テキスト〔内容〕最新の動向／環境と生態／種類と品種／繁殖と育種／開園と栽植／水分生理と土壌管理／樹体栄養と施肥／整枝・せん定／開花と結実／発育と成熟／収穫後の取り扱い／生理障害・災害
安西徹郎・大伏和之編 梅宮善章・後藤逸男・妹尾啓史・筒木 潔・松中照夫著	**土壌学概論** 43076-0 C3061　A5判 228頁 本体3900円	好評の基本テキスト「土壌通論」の後継書〔内容〕構成／土壌鉱物／イオン交換／反応／土壌生態系／土壌有機物／酸化還元／構造／水分・空気／土壌生成／調査と分類／有効成分／土壌診断／肥沃度／水田土壌／畑土壌／環境汚染／土壌保全／他
滋賀県立大 久馬一剛編	**最新土壌学** 43061-2 C3061　A5判 232頁 本体4200円	土壌学の基礎知識を網羅した初学者のための信頼できる教科書。〔内容〕土壌、陸上生態系、生物圏／土壌の生成と分類／土壌の材料／土壌の有機物／生物性／化学性／物理性／森林土壌／畑土壌／水田土壌／植物の生育と土壌／環境問題と土壌
北里大 水間 豊・農工大 上原孝吉・鹿児島大 萬田正治・京大 矢野秀雄編	**最新畜産学** 45015-X C3061　A5判 264頁 本体4800円	環境や家畜福祉など今日的問題にもふれた新しい教科書。〔内容〕畜産と畜産学／日本の畜産／家畜と家畜の品種／畜産物の生産と利用／繁殖／育種／家畜の栄養と飼料／草地と放牧／家畜の管理と畜舎／畜産と環境問題／人間と動物の共生／付録
東農大 長野敏英・東大 大政謙次編	**新農業気象・環境学** 44025-1 C3061　A5判 224頁 本体4600円	学際的広がりをもち重要性を増々強めている農業気象・環境学の基礎テキスト。好評の86年版を全面改訂。〔内容〕気候と農業／地球環境問題と農林生態系／耕地の微気象／環境と植物反応／農業気象災害／施設の環境調節／グリーンアメニティ
東農大 長野敏英編	**熱帯生態学** 40013-6 C3061　A5判 192頁 本体3900円	地球環境を知る上で大切な熱帯の生態を解説。〔内容〕熱帯の気候／熱帯の土壌／熱帯の生態／熱帯林生態環境を測る／熱帯林破壊と環境問題／熱帯林の再生・修復／熱帯における土地利用／熱帯での営農／付：熱帯地域での旅行・調査心得

上記価格（税別）は2005年10月現在